スワニー本社を背景に

JN111165

油彩・自画像

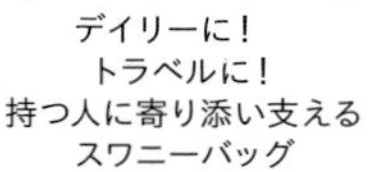

デイリーに！
トラベルに！
持つ人に寄り添い支える
スワニーバッグ

「それいゆ」などで人気画家
として一世を風靡した
中原淳一（東かがわ市生まれ）
コラボモデル

不自由な足が世界を広げてくれた

スワニーバッグ誕生物語

株式会社スワニー相談役
三好鋭郎

あさ出版

はじめに

私は香川県東部の〝手袋の町〟で生まれ、親父の跡を継いで「手袋屋」をしてきたが、この半世紀のうちに、激戦を続けてきた二百数十社が、４分の１に淘汰（とうた）されてしまった。人件費高騰のあおりを受ける労働集約型産業の宿命であったが、一方で冬場しか売れない季節商品という泣き所が、重くのしかかっていた。

家業を継いだ後、小さな企業を世界に売り出す苦労を重ねたものの、季節商品からの脱皮は難問だった。それを解くには、アッと驚く新商品の開発しかない。

苦心惨憺（さんたん）の末、身体を支える「スワニーバッグ」を編み出し、世界一小さく畳める車いす「スワニーミニ」を開発する。

私が生後すぐに罹った小児麻痺という障害が、商品開発の原動力を与えてくれた。本書でそのドラマを明かそう。

のちに腎臓病を患った際は、苦しい断食療法に挑んで全快できた。その健康法も紹介したい。

さらに「国際語」について取り上げる。

「エッ?」と思われるだろうが、私は若いときからエスペラント推進運動に積極的にかかわってきた。お門違いの分野になぜ首を突っ込んだのか、英語化の流れを放っておくと世界はどうなってしまうのか、その核心に迫りたい。

本書で、私は生来の身体障害をバネにして闘ってきた〝再生の物語〟を語ろう。

後年「不遇であったからこそ幸せになれた」と、思えるようになるのだが、いつしか81歳になり、次第に細る命への執着が頭をもたげてきた。

人が自分について語るとき、つい自慢話になってしまいがちだ。卑下したり失敗を語ったり、マイナス面を言うときでも、裏を返した自慢話であることが多い。おそらく、私がこれから語るストーリーも、その例に漏れないのだろう。

とは言え、自分と同じようなハンディキャップを背負って人生を精一杯生きている方々や、コロナ禍の世界で、仕事や家庭の中で今、様々な困難に直面している人にとって、自分の人生体験は何らかの役に立つ情報が含まれているかもしれない。清水の舞台から飛び降りる思いで、格好をつけることも、背伸びすることもなく、素直に自分の経験を綴ろうと思う。

第1章

支えるニーズを知って

1 背負った因縁

2 障害克服

3 顧客開拓

4 悲願は年中商品

5 海外進出

6 突破、突破

7 誰もが師匠

第2章

支えるニーズに応えて

第3章

断食療法の科学

第4章 未来の地球語とは

支えるニーズを知って

1 背負った因縁

生い立ち

私の家は瀬戸内海の海沿いに建っている。裏門を開けるとすぐ海岸で、正面遠くに小豆島(しょうどしま)が横たわる。

小学生の頃の夏は、波打ち際に作った水たまりで遊んだり、浅瀬で泳いだりした。海の砂を身体に付けたまま帰って座敷に上がるので、母は、私たち兄弟を叱るのが日課だった。

海では、隣家の中学生、成瀬常雄さんがいつも一緒だった。彼は、私の足を沖に引っぱり込み、浮いたり沈んだりしている様を眺めていた。が、危なくなったら浅瀬に押してくれた。ゲップゲップと海水を飲みつつ、死にもの狂いで頑張った。最後は助けてくれるので、ギリギリの危機を楽しんでいた。

スリルをくり返しているうちに、4～5メートルほど泳げるようになった。毎日泳いでメキメキ上達し、中学生になると数百メートル沖まで泳げるようになっていた。透き通った青い空、岸辺ではクラゲに触れ、数センチの小魚が逃げ回った。潜ればヒトデがすむパノラマに、身も心も吸い込まれていった。

陸上では不自由な右足だが、海中だとハンディを感じなかった。べた凪の海で、北の小豆島に向かって数百メートル沖に泳ぐ。そこで、上にむいて、全身の力を抜き、休息を取る。鼻や口ぎりぎりに迫る海水だが、ほとんど水を飲むことはない。その無心で海に浮かんでいる4〜5分間が、無重力状態を味わえるこの世の天国だった——。

私は1939（昭和14）年の12月16日、東かがわ市（大内町、白鳥町、引田町が2003年に合併）の白鳥町、「教蓮寺」の西隣に生れた。

生後6ヵ月目に母の背中で高熱を発し、あらゆる病院を駆け巡ったが、小児麻痺と診断され、右足に後遺症が残ってしまった。

一番いやだったのが体操の時間だった。いつも小学校西の『御山』と呼ばれる『白鳥神社』の境内の松林で体操をしたものだ。約4万坪の砂浜には、大小数千本の松が聳えている。体操が上手くできなかった私は、先生から「みよし！　みんなの服を見とれよ！」と言われ、番をさせられたので、この時間を毛嫌いするようになった。

何をしても彼らに負ける身体で、唯一負けないのは逆立ちで歩くことだけだった。その逆立ちできる腕力こそが、その後の人生にプラスをもたらしてくれた。

1947年、8歳の私

私が生まれる3ヵ月前の9月1日、ナチス・ドイツがポーランドに侵攻し、第二次世界大戦が始まった。2年後の12月8日には日本が真珠湾を攻撃し、太平洋戦争が勃発、動乱が世界を覆う。

しかし、私にとっての幼少期の想い出は、自分の足が不自由なことへの戸惑いと、どこまでも広がる大海原や、砂浜や、青空のきらめきだ。

古いボートで九死に一生

実家から500メートルほど西が海水浴場で、1時間25円の貸しボート屋があった。友人から、「古いボートが処分される」と聞き、小学校高学年になっていた私は「ボートを買って！」と父に泣きついた。が、「ボートなど危ない」と、一刀両断のもとに叱り飛ばされた。

「僕は陸では勝てんけんど、海なら誰にも負けんし！」と私は頑なに主張した。

父はしばらく考え込み、「なんぼや」ときた。

働きどおしだった父には、ボートを所有することなど想像もできなかったようだ。「台風に困るぞ、わしは知らんぞ」と責任を持たされた。私は、ボートを得て「万歳！」を叫んだ。

同級生を呼んで、午後や休日にはボート漕ぎに興じた。2人漕ぎの席に4人座わり、後ろの1人が方向を指示する。「それ！　一子島だ！」とみんなで叫んだ。必死に漕いで3キロちょっとの島を一周し、トンボ帰りをする。

「行きはよいよい帰りは怖い」で、子供にとってはとてつもない長距離を、力の限りに全身をふりしぼって漕ぎ続けた。へこたれずに頑張って、かろうじて砂浜に乗りあげた。

阿波と讃岐の県境、阿讃山脈から小豆島に吹きつける南風を「マゼ」というが、そのマゼの日に級友たちがやって来た。べた凪の追い風に乗って、あっという間に一子島に来てしまった。

島の周辺では白波がたっていて、気づくのが遅かった。一刻の猶予もなかった。漕いで帰る以外に道はない。西に東に吹き流されながら、舳先を南にもどしては命がけで漕ぎ続けた。何十回となく強風にあおられたが、危機一髪のところを乗り越える。転覆したら海に投げ出され、小豆島方面に流される恐怖に襲われた。

幸運にも難破をまぬがれて、必死の形相でこぎ続けて帰ってくると、海岸で祖父の仙造が洗濯

一子島で家族と（2017年・左から私、長女文子、孫の愛果里と彩織、川北恭伸スワニー常務）

竿を振りあげていた。

「あがってきたら叩きのめしてやる！」

恐ろしく怒った祖父の権幕から、当時は怖いだけだったが、僕らの命を心配し「マゼにボートに乗るな」という、切羽詰まった教育だったのだ。学校では「えっちゃんのオジイは怖いのう」と言われ、級友たちはしばらく来なくなった。

高校生になると、海岸に2メートル高の防波堤ができ、船の置き場がなくなった。自然の厳しさや、海の怖さを学びつつ腕力が鍛えられ、古い船をさらにボロボロにした。私のボート漕ぎの時代が終わった。

大本の総代だった父の生い立ち

父の富夫は、京和源造とスミの5男4女中

の3男として、1908（明治41）年10月3日に、旧三本松町（大内町）に誕生した。京和家は荒物や雑貨類を商う「よろずや」だった。生後間もなく母の乳が出なくなり、東隣の旧白鳥町の三好家に預けられた。乳母ヨネから、わが子のごとく可愛がられ、世間でいう継子のひがみなどは経験していない。

1年ほど経って、京和の母が父の弟を生み、その世話に追われていたために、ひき続き三好家に預けられていた。そのうちに、4歳にして生母スミが病死し、三好家には子供がなかったので、養子として入籍されることになる。

三好家の養父は保次といったが、大酒飲みで職業も転々としていたために、極貧の生活だった。文字どおり「麦だけ」のご飯が毎日続いたという。おまけに営業員だった「帝國製薬」への商品代金が払えず、家財道具までさし押さえられる惨状だった。その後、長女の秋子や隆子が誕生し、良太郎と続き、6人の家計は火の車になっていった。働き手に育てあげた23歳の良太郎を支那事変で失ったとき、家族がいかに悲嘆にくれたかは想像に難くない。

小学校の修学旅行は、白鳥の海岸から汽船に乗って高松に行き、市内を見物するというものだったが、その費用を頼むと養母を困らせるので、年下の遠足に混じって時間を潰したそうだ。

父は、近所の「竹内醤油屋」から、高等科に進学させるという条件付きで、住込み奉公にあがった。徒弟制度が厳しい時代だったので、父はまだ舌も回らない主人の子供から「トミオ、トミオ」と呼び捨てにされ、悔しい思いを強いられねばならなかった。

極貧から逃れようと、鶏を飼ったこともあるらしい。友人を誘って遠い旧福栄村まで歩いてゆき、1羽の雌鶏（めんどり）を買って帰った。それを育てて卵を産ませ、少しばかり儲けたという。

苦難を越え、母と出会う

父が20歳のとき、その8年前に北海道へ行ったきりで行方不明だった養父の死亡通知が役場に舞い込んだ。お金がなくて養母と同伴できず、父だけが現地に向かった。

仮埋葬されていたのは函館郊外で、雪に覆われた寂しい墓地だった。夕刻に着いた父が墓穴を掘り返し、棺桶を開けて遺体を確認すると、まさしく養父だった。死後10日も経っていたのに、鼻血が流れ出たのに驚いたそうだ。

すぐに火葬してもらったが、お骨があがったのは夜の10時だった。豪雪のうえに懐も寒く、火葬場の隣の凍りついた小屋で、父は一人、震えながら遺骨を抱えて眠った。

翌日、青函連絡船を経て、上野駅に着いた。初めての東京だったが、懐には一銭の余裕もない。上野駅から東京駅まで、遺骨を抱いて寂しい思いでトボトボと歩いたのが、花の都の初見物だった。それから2日2晩費やして、ようやく故郷に帰って来た。

尋常高等小学校を終え、15歳のとき、大阪福島の社員が8人の手袋屋さん「神崎商店」に就職した。朝8時から夜の10時までぶっとおしで働いて、食事付きの月給が5円。それから新人には掃除という仕事が待っていた。米1升が10銭の時代だったので、当時の少年の収入としては恵まれていたらしいが、銭湯に出かけるのはいつも夜中の12時を過ぎていたという。

3年働いて技術を覚えた父は、一人前の職人として故郷の旧白鳥町に帰り、数十人の社員を抱えた「山本手袋工場」で働き始め、そこで運命を共にする母の谷七五三子と出会った。

後述するが、その間、17歳のときに「皇道大本」(1952年、宗教法人大本に改称)の教祖・出口王仁三郎師(1871~1948)の講話を聞いた父は感銘を受け、即、入信している。

昭和10年、27歳のとき、「皇道大本」の白鳥支部長を務めていた父は、いきなり地元警察署へ拘留された(第二次大本事件)。教祖が皇位をねらう謀反人だと決めつけられ、国家から大弾圧を受けた一大事件である。知る限りの事実をもって反論したが、「棄教しないと何年でも臭いメシを食わせてやる」と脅迫された。それでは、たちまち家族が窮してしまうので、その理不尽さを耐え忍んで、偽装改宗し、嵐を避けて帰って来たという。

母の誕生と苦悩

母の七五三子(1911~1998)は、谷仙造とノブの次女として、明治44年8月28日に白鳥本町の松原で誕生した。その前に姉が夭逝していたので一人娘である。裕福な暮らしではなかったのに、溺愛していた娘を、当時の農家では珍しく、高等小学校(義務教育の尋常科6年の上の

山本手袋工場（1929年·右から6番目が母七五三子）

高等科2年）に進学させ、幼少から踊りや三味線を習わせていた。

山本手袋で出会った父母は、いつの間にか心を寄せ合うようになっていたが、祖父の仙造は、父が「大本」の信者であることを極度に嫌った。〝邪教大本〟の狂信者だと恐れていたからだ。人間としての父については、後に、「町の3養子の1人だ」と、自慢していたのだが……。

父は三好家の家付きの養子だったし、母は谷家の相続人だったので、谷家を「廃家」にしないと、嫁に出せなかった。大本への恐怖と谷家を廃家にしたくないとの両親の思いに押された七五三子は、泣く泣く父を諦め、同じ町から婿養子を迎えることに同意した。

この縁組は、満州事変が勃発した1931（昭和6）年、母が20歳で長兄の始（はじめ）を産んだ後、破綻した。離縁後、長兄の父は支那事変に出征して戦死したという。私は大人になってから、「軍人墓地の一番高い所で眠っている」と、母から教えられた。

離縁の話を聞いた私の父は、すぐに母にプロポーズしたという。さぞかし父の寛大さに母も涙を流したことだろう。

“白い目”で見られた両親の結婚

両親が結婚生活に入ったのは、父が24歳で母は21歳のときだった。父は身の廻りの物を詰めたトランク一個を提げて三好家を出て、母の実家である仙造宅の別棟に同居した。

祖父は、結婚や同居を認めながらも、大本を受け入れなかった。第二次大本事件で留置場入りした父に、「大本をやめてくれ！」と求め続けた。田舎でも「大本事件」の噂で持ちきりであり、「大本＝未曽有の恐怖教団」という印象が、世人の胸に深く刻まれていたからだ。父が歩くと、「あれは三好か大本か」と後ろ指をさされる有様だった。当時は、祖父の認識が世間の常識だったようだ。

また、恋愛結婚が珍しい時代だったこともあり、二人のなりゆきは噂話のネタにもされた。

祖父は、後ほどまで大本を許さず、入籍に応じなかったので、戦後の治安維持法廃止、新民法成立まで、法律的には内縁関係が長く続いた。

母の実家である谷家は、最終的には長兄が継ぐことで、廃家にならずにすんだ。

大本の弾圧事件以来、父は食欲が減り、39㌔までやせ細った。心から信仰していた宗教が国家に弾圧され、教団の拠点が破壊されてしまったショックが大きかったのだ。

父の生命を危ぶんだ三本松の実家の兄弟たちは、香典代わりに父に80円を贈った。そのお金で、大分県の温泉で静養したが、好転しなかったので、高松市に滞在していた京都の霊能者中尾先生を訪問した。その人から、「信仰の迷いが原因だ。氏神を祀って大本の神体として礼拝し、三好家も谷家も結婚に得心していないので、結婚式をやり直せ。何でもいいので独立すれば成功する」と宣託された。

父は、白鳥神社の御神体を祀って拝み始めた。紋服(もんぷく)を着て三好家から出直し、結婚式をやり直すと、中尾先生の宣託どおり、父の身体はぐんぐん回復し、4ヵ月ですっかり元気になった。

〝十人十色〟な私たちの家族

昭和10年の第二次大本事件の年、長女の起智子が生まれ、同12年には次男の和昭(よりあき)が誕生し、同14年12月16日に、跡継ぎとなる私、三男鋭郎(えつお)が生まれた。続いて17年には四男の朝男が、21年には末っ子の治雄が生まれ、そろって5男1女の家族となった。

長兄である谷始は「大中」（大川中学・現二本松高校）を飛び級で卒業し、岡山の旧制第六高等学校に入学、後身の岡山大学を出て国税庁に入り、熊本国税局長などを勤めあげ、のち信販業界のオリエントコーポレーション（オリコ）に転じ副社長を務めた。勲三等瑞宝章受章、川崎市在住。

起智子と和昭は、いつも本にかじりついていて、私たち下3人の兄弟とは別世界の人種だった。姉の本棚には、フランスの小説、『チボー家の人々』大判7冊が並んでいた。残念ながら姉は36歳で亡くなり、残された彼女の遺児である千奈美、真は両親が育てた。

同じく本の虫だった和昭は、早稲田大学を卒業してTBSに入社、報道局でディレクター、プロデューサー、部長を歴任、人事部長などを務めた。彼にはスワニー（父が起こした手袋の会社を1972年に現在のスワニーと社名変更した）に必要な文章や、新聞への投稿記事などを、何度となく校閲してもらったものだ。現在、町田市在住。

彼が当時を振り返ってみたところでは、私が親分で弟2人は下僕という関係性だったという。

四男の朝男も早稲田大学を出てスワニーに入社。池田スワニー、高知スワニー、東京支店、韓国スワニーのトップとして、縁の下の力持ちの役割を担ってくれた。大混乱した中国スワニーの収拾にも貢献。50歳で退職して、高知県須崎市で念願の農家となり、自給自足の生活を謳歌している。

末っ子の治雄は、亜細亜大学を卒業してスワニーに入り、アウトドア手袋のブランド化に成功。その商標権を退職金代わりにして独立した。今も、「グリップ・スワニー」で、その道のファンに親しまれている。残念にも42歳で骨髄癌を患って早世し、事業は二世が引き継いでいる。

私が20歳で上京したとき、兄弟たちが集まった場で、「始兄さんは親父が違うから云々」との発言があり、私は「それって一体どういうこと？」と驚きのあまり絶句した。

そのとき、初めて自分の家に関する〝本当のこと〟を知ったのだった。

2 障害克服

スワニーの土台は、米軍の古テント

1937(昭和12)年、29歳の父は、母の実家がある谷仙造宅別棟に「三好ミシン商会」の看板を掲げ、ミシンなどを売り始めた。翌年からメリヤス手袋を作り始め、2階は従業員の宿舎にしていた。

戦時中は、父と同業者5人が「東亜皮革」を設立し、父は取締役に就任していた。約150名が飛行機乗り用の帽子などの軍需品を作っていた。

戦後の変革でまた自営業に戻り、転機を迎える。米軍が払い下げた古テントの話を聞き込んだのがビジネスチャンスだった。丈夫なテントの生地なら何にでも使える! 大阪で交渉してテントの入手に成功——機帆船の船主を拝み倒して同乗し、持ち帰った。が、縫製業者から「硬くて縫えない」と匙(さじ)を投げられた。そこで苦労の末、糠をふりかけてタワシで擦って、テントから防水剤を剥がすことに成功した。

政府から900トンもの古テントの仕入権をえて、百十四銀行から巨額な資金1000万円（今なら3～4億円）もの融資を受けた。そのテントが、なんと炭鉱夫用のズボンに化け、バカ売れした。極度にもののない敗戦後だったからこそ、大きな需要があった。

10人あまりの人を雇って、庭でテントに糠をふり、タワシでゴシゴシ。庭はドロドロだったが、排水は低い道路に流したのだろうか？　その後、近くの「前川」の浅瀬でゴシゴシするようになった。

父が出張から帰ると、10代の縫製工の岡田久枝さん、橋本朝子さん、大西マサ江さんの女子3人がいないではないか！　探し回ったら、裏の海で暢気に泳いでいた。「早く帰って仕事をせんか！」と父は海に向かって大声を張り上げた。「パンツを履いてないんで、出られんのやけんど！」と女子たちは歓声を上げながら返してきた。今なら信じられないような光景だが、そんなおおらかな時代でもあった。

私が小学生の頃、カチンカチンの炭鉱ズボン1枚が100円（約4000円）で飛ぶように売れ、タンスには100円札がぎっしり詰まっていた。新円の引き出し制限が世帯主ごとに300円までだったので、材料代などが払えなくならないよう、タンス預金をしていたのだ。

父が満員列車でトイレに行ったら、新札で満杯にした鞄が消えていたこともあった。大金が詰まったバッグに、犯人はさぞ驚いたことだろう。また、父はお金が溜まると鞄に新札を詰めて、大本に送っていた。国からの2度の大弾圧で施設が壊滅していたので、再建に役立ったのかもしれない。そんな収益が、後のスワニーの土台になったと思われる。

そう、父が受けた霊能者の宣託──「何でもいいので独立すれば成功する」──は、100％的中したのだった。

1950年、資本金を100万円に増資し、「三好繊維工業（株）」に改め、再び本業の手袋業に。東京、名古屋、大阪などで顧客開拓に努め、母と共に工場に入り率先垂範し、地場産業の手袋業界で地位を固めた。

後年の1969（昭和44）年、父は223社が加盟した「日本手袋工業組合」の理事長となり、1972年には、白鳥町の商工会長に就任した。その後に、「勲四等瑞宝章」を受章した。

父の恩

父からは、いろいろな教えを受けた。

中学時代には古い木箱の釘を抜き、まっすぐに直すように言われたが、一握りの曲がった釘を直さずに溝に捨てて遊びに行った。帰ると「釘はどうした」と聞かれ、「直して箱に入れた」とごまかしたが、父は曲がったままの釘を突き出し、「これは何だ！」と詰問した。物を粗末にすることには容赦しない父が怖かった。

箱詰めした手袋を木箱に詰め、ふたを釘付けし、荒縄で縛るのが私の仕事だった。身体は小さくても腕力と器用さには自信があり、今でも縄をしっかりと素早く締め上げられる。

学校から帰ると「箱詰めを手伝え」と言われた。

紙箱のフタを開けて手袋を並べて入れ、元のフタを被せると「アホ」と叱られた。「初めのフタは横にのけて、次の箱のフタを使え」。そうすることで効率が倍加するのだ。裁断でも仕上げでも、効率重視を徹底的に叩き込まれた。

ときたま、私はひとりで営業していた父と一緒に得意先を回った。行く先は、大阪、名古屋、東京などである。「売上は商談時間に比例する」が父の口癖で、商談が延びて昼飯を抜くことも頻繁で、若い身にはこたえた。

夜行の「加藤汽船」で大阪に着き、6時には「天保山」の屋台で朝食をとり、大国町の革屋さんの扉を叩いた。7時の「宮前商店」では「いらっしゃい」と歓迎され、朝食を中座した宮前社長と商談。8時からは隣の「中村皮革」で革を仕入れ、船場のお得意を回って、夜の船で帰ってきた。

父は、夜行ばかりで郡山、新潟、金沢などを廻り、一週間旅館に泊まらない『ギネスブック』ものの強行軍に耐えてきた。2晩程度の夜行など朝飯前だったのだろう。

母の恵み

背負った乳飲み子の様子がおかしい。

気づくと右足がふにゃふにゃして立ち上がれず、高熱を発して何日も下がらなかった。慌てた母は、手あたり次第に病院を駆けずりまわった。

小児麻痺と診断され「後遺症が残ります」と宣告された。

その乳飲み子こそが、生後6ヵ月の私である。

幼児の頃、甘えん坊の私のお腹はつねに母の背中にくっついていて、小児麻痺が発症してから益々離れられなくなった。母は私を背負って、四国各地や大阪の病院まで駆け巡った。あるときは電気治療、またあるときはマッサージが施された。

「鋭郎の足を治してやりたい」

母は懊悩をくり返した末に、「大本の信仰」に救いを求めるようになった。それまで、父へのお義理程度だったのが、私の障害を契機にして、必死の思いで信仰に打ち込むようになったのである。

私に少しでも優れた素質があるとすれば、それは母のお蔭だ。

母は芯が強くて開けっぴろげで、誰とでも友達になった。あきれるほど思いやりがあり、私の友人にも、全く差別をしなかった。そして、気前がよかった。親戚や友人が訪ねて来て、戸棚の中の置物を褒めようものなら、「持って帰ったらいい」と、ためらわずに言った。

高松で、困窮者に持ち金すべてをあげてしまい、駅員さんに頼んで白鳥駅まで無賃乗車したこともある。そんなお人よしなので、父は母に財布を渡さなかったし、母もまた全然ほしがらなかった。

毎月、大本本部へ通う際も、急行には乗らず、宇野から京都まで鈍行列車を使って費用を浮かせた。「車中で『霊界物語』がゆっくり読めていい!」と言って、余った資金は大本の活動費に投げ出していた。

人生で大きく羽ばたくための私の基本姿勢——勝つために全力を挙げる、現実をよく見る、目標を掲げる、それができているかを話し合う——などなど、元をたどれば母の影響である。

父を助けて夜遅くまでトコトン働きながら、華道や茶道などを習得し、人生を豊かに、楽しみながら生きる母は、私に人の生き方の見本を示してくれた。

ただ、そんな母を騙したら、ただではすまなかった。信頼を裏切ったら、決して許さなかったが、その人の反省を待つ懐の深さもあった。

いろいろと壁に突き当たるたびに、母のそうした真っ直ぐな生き方が私を鼓舞してくれたのだ。

母はいつでもどこでも大きい声で、浮かんだ言葉を吐き出し、それが正鵠(せいこく)を射ることが多かった。そのために傷ついた人がいたかもしれないが、腹の中は開けっぴろげで、周囲の人々に信頼されていた。

父は、そんな母の行動に何も言わず、ニコニコ笑って見守っていた。

両親ともに、生活には無駄をせず、生涯エアコンに頼ることもなく、冬は電気コタツで過ごしていた。

満足して質素を楽しみ、全財産を大きな目標のために黙って捧げた。

大本とは

ここで、大本の教えとはどんなものかを簡単にご紹介したい。

三代教主補・出口日出麿（ひでまろ）（1897〜1991）師は、著書で次のように語っている。

「天地万物は関連し統一されている。しかも、絶えず動いている。いかに動き、いかに変化しても、やはり相関連しており、混然として統一されている。複雑微妙なる統一体が、偶然にできあがるものではない。これは、絶大なる統一意思がはたらきかけているからである。この絶大なる意思の所有者を『神』という。

神は見ることはできないが、感ずることはできる。目に見えぬ世界、目に見えぬ力を思え。われらを造り、われらを生かしてゆくものを悟れ」

1892（明治25）年、京都府綾部市に住む主婦出口なお（1837〜1918）が、突然神がかり状態となり、おびただしい啓示を喋り始めた。本人が神に「困ります」と訴えた。「それでは筆をとれ」と指示され、「文字を知りません」と返した。「お前が書くのではない。この方が書くのだ」と言われて綴った記録が、半紙20万枚にもなった。それが「お筆先」と呼ばれ、文盲だったなおは大本の開祖となった。

その7年後、同じく京都府亀岡市出身の上田喜三郎という青年が、なおの末娘すみ子の婿養子となり、のちに名を王仁三郎と改めた。なおと王仁三郎師は寝食を忘れて、神の教えを広め、大本の基礎を築き上げていった。

「お筆先」が大本の教えだが、天文、地理、社会、歴史、政治、経済、人生など万般が含まれている。それを分類整理し、やさしくしていったのが王仁三郎師である。さらに、彼自身の宗教的悟りや信仰感が加わって、教団の理論体系が出来上がっていった。綾部本部が祭祀(さいし)の聖地となり、亀岡本部が宣教の聖地となっている。

明智光秀が築いた亀山城址(亀岡市)が、1919(大正8)年から大本の拠点になる。「本能寺の変」のお膝元から躍進が始まったのだ。教団は、大正から昭和にかけて大発展し、知識階級や軍人までが、その「立て替え立て直し」に救いを求めて一大勢力になった。それは巨大な「世直し運動」であった。

国は、天皇の権威を覆しかねない勢いや宗教観の違い、戦勝ムード一色の中で反戦を叫んだ教団に恐怖を感じ、1921(大正10)年と1935(昭和10)年、2回にわたって、不敬罪や治安維持法違反などにより徹底的に弾圧した(第一次、第二次大本事件)。両聖地の神殿はダイナマイトで完全に破却され、幹部は獄に繋がれた。数千人が検挙され16名が命を落とした。

敗戦とともに、治安維持法も不敬罪も共に無罪となり、大本の潔白が証明された。が、教団が巨額の被害に対して賠償請求をしなかったこともあって、国は真相を明らかにしていない。

スローガンは、「一つの神・一つの世界・一つの言葉（国際語）」を掲げ、中国発祥の道院やキリスト教、イスラムなど数多くの宗教と提携した宗際化運動。世界政府の実現を目指す世界連邦運動。公平で簡単に学べる国際語エスペラントの普及運動などが目標である。

一言でいえば、世界の改造と人類の救済だ。

両親の大本入信

父は17歳で大本本部を訪ね、54歳だった王仁三郎教祖の講話を初めて聴いた。一夜に数百種の短歌を詠む天才。卓抜な霊能や行動力などによって「大預言者」「怪物」「風雲児」と喧伝（けんでん）される異能の人物像。が、教祖ぶった構えなど微塵もなく、魅力あふれる彼の庶民性に父は感嘆した。霊界の消息や永遠の生命の実在を説かれ、前途に大きい光明を感じ、それまで経験しなかった強い精神的な力が全身にみなぎったという。

幼い頃から辛苦や屈辱を味わってきた父は、金が支配する世を「立て替え立て直す」との教えに魂を揺さぶられて、即入信。地位や財産を求めず、つつましく生きながら、大本の伝道に一生を捧げようと決心した。

父は１９３５年皇道大本白鳥支部長に、１９５６年大本白鳥分苑長に就任。１９６４年から大本香川主会長を5期12年間、１９６４年より大本総代を10期26年間務めた。

母は、「芸術は宗教の母」との教えを実践し、短歌、書道、日本画、茶道や華道に習熟し、２弦琴の八雲琴も一人前になった。仕事の疲れも忘れたように打ち込み、いつの間にか自分のものにしていった。また、ほぼ生涯にわたって日記を書き続けた信念の人でもある。

１９５２年「大本白鳥婦人会」会長、１９６１年「大本香川連合会」会長、１９６５年「大本婦人四国連絡協議会」会長に就く。１９７１年旧白鳥町立「働く婦人の家」館長に。１９８２年から大本婦人信徒の組織の「直心（じきしん）会」の初代会長として、全国各地で講演活動などを続けた。１９８３～８８年「大本総務」を拝命、１９８６年から「大本エスペラント友の会」会長を務めた。

障害との戦い

母の必死の奮闘にもかかわらず、私の足には障害が残った。

幸いに自力で歩けたのだが、右足の発育が悪くて力も弱く、この病との生涯をかけた戦いが始まった。だが、この病に罹っていなかったら、今の自分も、現在の会社もなかっただろう。

小学校の低学年まで、母七五三子は、私を連れて大阪大学付属病院に通った。交通手段も不充分だった昭和初期、海を渡って宇野に着いた宇高連絡船から、押し合いへし合いして、岡山行きの列車に向かう大群が走り出した。私たちは脇に追いやられ、後からついて行った。４時間を越えた山陽線では、新聞紙に座って大阪に向かった。

患者が見守る満員の廊下で、パンツ1枚のまま歩かされた。幼心に、細い右足を隠したかったのに！　心中で「かあちゃん助けて！」と叫んでいた。

学校に上がると、自宅から白鳥本町小学校までは約250メートルあったが、友達について歩けない日々が続いた。頑張れば歩けたのに、母に甘えておんぶされる日もあった。が、「自分の足で走りたい、跳びたい、遊びたい！」――ただ、それだけを願い続けた。

一部の友人たちが、陰に隠れて私に指をさして嘲笑したので、そのたびに強いショックを受け、涙でぬれて数時間も眠りにつけなかった。私は不自由な足を見られるのが恥ずかしく、だんだん歩かないようになり、結果的に、成長期に足腰の発達を著しく遅らせてしまったようだ。

その結果、兄弟たちの身長はみな170センチを超えているのに、私だけが160センチに甘んじている。

しかし、友人たちはそんな私を恐れていた。からかわれるたびに、彼らの教科書を水につけるのが私の仕返しだったからだ。

小学5～6年の担任だった阿部健三先生は、「三好君をみんなで助けないかん」と級友たちを諭し、遠足などでは私の荷物を運んでくれた。いつも私をかばってくれた阿部先生だけが、心の支えだった。

幼少時に我慢に我慢を重ねたことで、私には逆境に耐えられる強い精神力が培われていったようだ。その後、たび重なる挫折に遭遇しても、自分が苦労しているとは思ったことがない。ただ

一度の大失恋を除いては……。

失恋の末の失踪騒ぎ

青春時代、私にとって人生最大の難関が訪れた。22歳だった私は、高校時代からずっと思いをよせていた女性に振られ、失意のどん底につき落とされてしまったのである。

「足の障害のせいだ」と思い込み、生きる望みを失った。

「もう死のう。死んでしまおう」

海に飛び込むつもりで、あてもないまま家のスクーターにまたがると、3月初旬の早朝に自宅を飛び出した。鳴門からフェリーに乗り淡路島へ。淡路を北上して明石に渡った。いつのまにかハンドルが、東京の次兄和昭宅に向かっていた。「そうだ！　兄貴に、この世から逃れたい気持ちを聞いてもらおう」と、目標が定まった。

大動脈の国道1号線は、車がやっと対向できる幅で、2輪が走る余裕などなかった時代だ。時速20キロというノロノロ運転の私のすぐ側を、何百台、何千台もの大型トラックが猛烈なうねりをあげて追い越していった。京都、浜名湖を過ぎ、天竜川を渡り、全身を凍りつかせながら一心不乱に走り続けた。何度となく道端で休憩を取ったが、夜の寒さには参ってしまった。スクーターを止めて全身を揺さぶり、足踏みし、手をさすって暖を取った。箱根の峠にさしかかり、いくら登っ

愛用のスクーターに乗る、当時の私

ても続く坂道に気力が衰えてしまった。

屋台でうどんを食べていると、隣席のトラックの運転手から「顔色が悪いで、どこまでや」と声をかけられた。「東京」と答えると「危ないから乗っけてやる」と口にするや、助手との「1、2の、3」のかけ声で「西濃運輸」の荷台にスクーターを放り上げてくれた。暖かい助手席で、私はウトウトと眠った。

後日、長兄が「その人が鋭郎の命の恩人だ」と言い、西濃運輸本社に出向いて捜してくれた。が、人を乗せることは禁じられていたらしく、恩人は名乗り出なかった。

おかげで東京には辿り着けたもの

の、私は次兄の住所も知らず、あてもなく東京中を走り回った。東京はとてつもなく巨大だと、心底得心したものだ。そのうち、目黒の都立大学の近所だったことを思い出し、夕刻になって大学の近辺を捜していたら、大学通りの坂を下ったところで、私を捜していた次兄の嫁の和子さんに出会った。「えっちゃん、何しよん！　寒いところで！」と呼びかけられた。

ようやく兄の家に上がったところへ私を捜していた兄が帰ってきて、「四国からここまで、ようきたなぁ」と呆れたように言った。

初恋の相手を思い続け、振られた5年間の苦悩が堰をきって爆発した。

私は1時間も大声で泣きわめいた。このとき、初めて人に涙を見せたのである。

「鋭郎失踪」に大騒ぎをしていた実家では、「東京に来た」との電話を受けて、父が飛んで来た。父は精一杯私を慰めようと、大阪まで生まれて初めての飛行機に乗せてくれ、伊勢の榊原温泉で母と合流し、1泊した。私は泣きながら「僕は、醜い身体のない霊界に入りたかった」と訴えた。

そのときの両親の心づかいと、やつれた母の顔を、今も忘れることができない。

そういう父母や、家族の温かい愛に支えられ、妻をめとり、3人の娘や4人の孫たちを授かることができた私は、今、改めて幸福をかみしめている……。

自分の使命を見つける

榊原温泉では、「死んだつもりで『大本』で修行すればいい」と、両親から勧められた。

わが家は、大本の教会として大勢が自由に出入りしていて、目覚めると枕元で会議をしているような環境だった。しかし、それまでの私は、信仰心を悪用して金儲けに走ったり、厳しい戒律で人々を束縛したり、果ては、戦争まで起こす宗教というものに疑問を持っていた。「宗教が人を救うなんて本当か？」と思って、そうした会議の輪に加わろうともしなかった。

しかし、人生の最難関にぶつかり、生きる望みをなくした若き日の私だったからこそ、信仰というものに対しての大きな転機が与えられたのである。

山陰線の亀岡駅前に広がる大本の拠点の一つ、天恩郷を訪ねた。うっそうとした森をくぐると、「万祥殿（ばんしょうでん）」の甍（いらか）が聳えている。明智光秀が1万余名を率いて本能寺に向かった丹波亀山城が、大本の聖地だ。

世間と隔絶され、大木が生い茂った自然環境の中、道場で過ごすこと43日。5時起床、トイレ掃除、神前礼拝、講話拝聴……身を尽くして清め、素手での便所掃除を汚いと思わなくなった。目に見えない大きな力の前に、全身全霊をさらけ出した日々だった。素直な心で、理屈じゃないと信じて、何でもかんでも吸収した。

夜は、三代教主補の出口日出麿師著の、『信仰覚書』などを精読した。心の底から感動し、その説得力に打たれた。

「人間だれしもその人でなければなし得ない重大な使命をもって、この世に生まれてくる」

この教えに、感激の涙がとめどなく流れおちる。そして、全身が震えた。

死のうとするなんてバカだった。間違いだった。

そうだ！　これから、父の会社を屈指のメーカーに発展させるのだ！

人生を積極的に生きぬこうと、勇気が湧いてきた。『信仰覚書』の文中にある「積極は天国、消極は地獄」が、私の座右の銘となった。

出口日出麿師は大本にエスペラントという国際語の存在を知らしめた人物でもある。京都大学の一学生だったおり、「同志社大学でのエスペラント講習会」の新聞記事を、教祖の出口王仁三郎師に届けたのがきっかけだった。そして１９２３年に「大本エスペラント研究会」（現エスペラント普及会）が発足したのだった。

その後、大本入りした師の著書『信仰覚書』が、１９６６年に講談社から『生きがいの探求』として出版され、ベストセラーとなった。私は数百回も繰り返し読み、本がボロボロになってしまった。

振られた後に〝宝〟

両親は、私のパートナー探しを始めた。

まず、大本本部で働く、中肉中背で気品がある、包容力がにじみ出た女性と見合いをしたが、「なかったことに」と断られた。

「まあいいや。世の中の半分は女性じゃないか」と私は鷹揚に構え、半年後、地元の出身で背が低くてゆったりした女性と、しばらく付き合った。が、こちらも上手くいかず、いつの間にか私から離れていった――。

静岡の大本信者の娘さんとも見合いをした。鈍行列車に揺られて、岡山・名古屋を過ぎ、以前スクーターで走った天竜川も越えて静岡駅から彼女宅を訪問した。細くて弱々しい彼女には興味がわかなかったが、帰宅前に断りの電報が届いていた。

帰路で、神々しく聳えた富士山の荘厳さに心打たれ、身も魂もとろけてしまったことだけを鮮烈に覚えている。まさに世界に誇れる日本の宝だと、心から思った。

祖父母も、私の嫁探しに悩んでいたらしく、祖母の妹の孫にあたる鎌田ヨシ子に目をつけていた。失踪騒ぎ以前から動いていたようだ。

仙造は彼女がしっかりした人物だと調べあげ、4度訪ねて、父の会社に誘い込んだ。彼女は私とスワニー同期生となった。

ヨシ子は、わが家から離れた旧福栄村入野山の農家、鎌田栄吉、ヒデノ夫妻の5番目の娘だった。私より3歳下で福栄中学校を卒業し、背丈は155センチメートル、細身の可愛い子だった。私の失踪

騒ぎについても熟知していたそうだ。

祖父母は、私たちの距離を縮めようとして、節句と言っては私たち2人にご馳走し、犬が迷い込んで来たと言っては家に呼んだ。

彼女は、人並み以上の速さで縫製技術を身に付け、私と共に下請け回りをするようになっていた。段取りよく部品を数え、車に積み込み、そつなく交渉できた。ちょっとお高くとまっているようなところが、欠点といえば欠点だったかもしれない。

ある日、祖父母から「ヨシ子をどう思うんや」と聞かれた。「なかなかいい子やなぁ」と、思ったとおりに答えた。「よし、おまえの口で彼女にこう言え」と祖父は言った。

「自分は足が不自由だが、必ずあんたを幸せにしてみせると、元気よく説得せよ」

異様な力説に、どれほど自分が失敗を恐れていたかが身に染みた。修行をして身も心も入れ替えたつもりだったが、私は最初の失恋のトラウマを克服していなかったのだ。だから、これまで見合いが上手くいかなかったのである。そんな傷つきやすい私の心を察し、必死に励ました祖父母の愛情を思うと、今でも涙が出てくる。

ある夜、裏の海辺にヨシ子を誘い出し、彼女の横に寝そべった。暗くて顔がよく見えなかったのが幸いし、満点ではなかったが、祖父の教えがほぼ実行できた。

手を引き寄せても、抵抗しなかった。鼻や口をさまよったが、初めてのキスに酔いしれた。

連れ添ってもう半世紀以上、妻には「よくやってくれた」と感謝の念しかない。

1963年、23歳で鎌田ヨシ子と結婚

3 顧客開拓

香川の手袋産業

四国の1割の面積しかない香川県は、100万人近くがひしめき合い、綿、砂糖、塩、米、手袋、漆器、醤油、うちわなどが特産品で、近年は、「オリーブ牛」や「オリーブハマチ」が有名だ。

手袋産業が盛んになったのは、旧白鳥町・福栄村の千光寺の住職だった両児舜礼（ふたごしゅんれい）という人物がきっかけである。彼が明治中期に還俗（げんぞく）し、大阪で手袋の製造技術を学んだ。技術を継いだ弟子の棚次辰吉が、明治33年に帰省して「積善商会」を設立したのが、この地の最初の手袋工場だ。

第一次世界大戦中にイギリスから大量受注して発展し、東かがわ市の旧白鳥町が「手袋の町」として飛躍した。隣の旧引田町や旧大内町にもこの産業が広がり、なかでも「大阪手袋」と「東洋手袋」が基盤を確立。大戦後の1918年には、73万ダースもの生産を記録した。

手袋が最大の地場産業になった理由は、裁断、飾り入れ、縫製、仕上げと進む工程を、「女性の器用さと縫製技術」が支えたからである。

1950（昭和25）年、昭和天皇のご巡幸を機に、毎年「手袋祭」が開催され、幾多の困難を克服しつつ輸出が増えはじめ、太平洋戦争前の盛況を取り戻す。

日本では大小230社もの手袋会社が発展してきたが、1971年のニクソン・ショックで、1ドルが200円に暴騰して輸出競争力を失い、舞台は暗転する。

同時に、人件費の高騰が追い打ちをかけた。

労働集約型の産業の宿命だが、打開するため生産拠点を海外に移す社が続出し、2008年の時点で「日本手袋工業組合」の組合員の8割を占める78社が、中国、ベトナム、インドネシアなどに進出していた。しかし、その企業数も今では激減し70を割り込む。合わせた年商も、1991年の660億円が今では350億円に激減した。

製品は主力の防寒用を始め、スキー、UV、マリーン、野球用、ブライダル用などあらゆるものに及ぶが、どうしても主力が冬場にしか売れない季節商品という、もう一つの宿命がある。革の財布や高級バッグの新分野に活路を求め、自社ブランドを確立した社もある。

それではわがスワニーは、この難問にどう立ち向かい、どう戦ってきたのか、これから詳しく語りたい。

スワニー誕生！

海外との取り引きを始めて、会社に新たな課題が生まれた。スワニーの前身「三好繊維」の社名Miyoshiは、海外では「マイヨシ」としか発音できず、馴染みにくかった。そこで「社名変更」の話が持ち上がったのは、もう50年も昔の１９６８年だった。

社内で懸賞応募を始め、１５０種ものアイデアから、古参社員の松村初雄さんの案が採用された。地元の白鳥（Swan）町の名から生まれた「スワニー」である。ニューヨークの電話帳では、「スワニーリバー」のSwaneeは幾らもあったが、Swanyはなかった。SonyやSunnyやSuntoryなどと同様、発音しやすく響きも良かった。

販路の海外開拓は、神戸の商社「ストロング社」経由で輸出を始めた１９５９年がスタートになった。専務になっていた私が初めて海を渡ったのが、５年後の１９６４年。同時に社屋も海岸沿いの拙宅からＪＲ高徳線沿いに移転し、急ピッチで拡大を始めた。

詳細は後述するが、以下が、そのおおまかな流れである。

１９６８～７０年、「池田スワニー・徳島スワニー・高知スワニー」を設立し、約２００名による生産力となる。

１９７２～７８年、韓国で「韓国スワニー・東洋スワニー・亜細亜スワニー」を設立し、１２００人で各種の手袋を生産。

１９８０年、アメリカのニューヨークに「スワニーアメリカ」を設立し、小売店に向けて販売を開始した。

1984~89年、上海近辺の3都市で「中国スワニー・長城スワニー・スワニー手袋・太倉スワニー」を設立し、1500人の生産体制となる。

1989年、アメリカで、スワニーブランドのスキー手袋を発売し、毎年約10億円の売上を達成。2012年から7年連続で米国一の売上となる。

1997年、身体を支える「スワニーバッグ」を発売し、毎年11万個売れるヒット商品に。

2012年、カンボジアに「スワニーカンボジア」を設立し、約300人を雇用するが、採算的には苦戦している。

2014年、世界最小に畳める車いす「スワニーミニ」を発売。レンタル市場が大半で、約1割ちょっとと言われる販売市場で毎年ほぼ1000台売れ、2021年から本命のレンタル用を売り出す。日中米市場の特許を取得し、中堅企業への夢もふくらむ。

2018年、「スワニースキー手袋」を日本市場で展開し、ドレス手袋では「エルマー」ブランドの確立を目指している。

革命的なコスト削減術

父と一緒に営業していて値切り倒される経験をし、私は原価低減に打ち込むようになった。革

手袋の裁断は、長さ約28センチメートル四方のガラス板を革にのせ、その周囲を包丁で切り落とす。そのボディーの上に、10本の指つきの金型を置いて、圧力裁断機で抜き落としていた。

私は包丁で切る工程を省いて金型で抜くようにし、金型より大きめのガラス型との差、原価の6割を占める革コストの約2%のロスを削減した。その合理化で、ボディーの裁断スピードが倍となったため、業界ぐるみで私と同様の方式に変わっていった。

成果を上げたのは、ボディーを抜いた屑から取るマチの裁断技術だ。1双には指の周囲を保護する12本のマチが必要だ。細くてマチも取れない屑もあり、2本取れる屑でも工夫すると3本取れた。ちょっと見には1本だが頭を捻ると2本取れた。つまり工夫次第でマチが3～4割も多く取れた。業界の平均純益が4～5%の中で、約3%の大きい追加益となった。

当時、大小の裁断機が9台あった。コンクリートの床に固定し、ベルトでモーターと繋いでいた。回転するベルトが危ないので、私は裁断機の上にモーターを固定し、Vベルトで直結した。改造を依頼した中川鉄工所の中川勇社長から、「電源を繋げば直に運転できて安全になり、すべての裁断機が三好式に変わった」と褒められた。

仕上工程も改善した。ガスで温めた手袋状の銅板に、指を通して革をのばし、綺麗にととのえた。それらを2双ずつ厚紙上に広げ、何十枚も重ねてコンクリートブロックをのせて翌朝を待った。が、ときたまそれが倒れて危なかった。

私は、鋳物製の70キログラムの重しを、ペダルを踏んで約3センチメートル上昇させ、その隙間に綺麗に整えた手袋を入れる、足踏み式仕上台を完成させた。ミシン台と同サイズの鉄製の机に、4個の重しとペダルをつけたものだ。私の趣味だった絵心や、機械好きが生きてきたようだ。

営業は父、原価管理は私にと、役割分担が決まっていって、「鋭郎の意見は間違いない」と、父が口にするようになった。私の仕事ぶりを認めてくれたのだろう。

私は入社5年目で専務に昇進した。頭を絞れば絞るほどコストが下がり、製品は売れた。仕事が面白かった。

輸出の道に見た〝汚れ〟

私が入社した1958（昭和33）年は、暖冬のため手袋が売れなかった。正月から全社員を解雇し、業界全体で3ヵ月間は失業保険で生活し、4月には全員が復帰した。

苦境への対策として両親は露天販売に乗り出し、寒い吹きさらしの中で、「手袋いりませんか！手袋ですよ！」と叫びつつ、大阪、神戸、岡山へと約1ヵ月駆けめぐった。

父は海外市場開拓のために神戸に日参し、仲介してくれる商社である「ストロング社」への参入に成功したが、担当課長に2％の裏金を払うという条件を泣く泣く飲まされた。初注文は牛革製で、兎毛の裏とニット裏だった。

ストロング社はメーカーではないため、外国人バイヤーの要望に即答できず、青二才の私が立

ち会った。見積もった1ダースの円価格に、わが社の粗利約30%と、S社の口銭5%を足して３６０円で割り、ドルで船積み価格を出していた。それを「ＦＯＢ神戸」ということも知った。

ある日「ワッツ・ドゥ・ユー・スィンク?」とバイヤーに聞かれた。戸惑っていると、「ギブミー・ユアー・オピニオン」と。思いきって「ブラウン・イズ・ベター・ザン・ブラック」と応えると、「ユー・アー・スマート・ボーイ!」と誉められ、天国に昇る想いがした。彼らと昼食や夕食を共にするようになり、バーやキャバレーまで同行するようになった。

商談中、バイヤーが売値の計算を待ちかねているのに気づいた。熟慮の末、表、裏、工賃、包装費を足して、わが社の粗利約30%の上にS社の5%を足し、ドル換算した指数を出しておいた。ソロバンで足し、計算尺で掛ける方法で、わが社の原価が一瞬でドルの売値に変わった。

生産原価に対する粗利が30%だと、1ドルを３６０円で換算した指数は４・３倍、31%だと４・35倍、32%では４・４倍となる。バイヤーの顔色を観察しつつ、目盛りから粗利率を上下させて反応をみる。ここぞとばかりに「買いどきですよ!」と畳みかける。８００ダース、１０００ダースと次々に注文が決まっていった。

一件落着すると次のスタイルに移った。ひっきりなしに冗談が飛んでいる間に、買い付け予定の品番数を聞き出し、少しでも多く成約できるよう頑張った。

立ち会っていた商社の支配人ブラウン氏は、英国人とのハーフだった。

あるとき、いつの間にかドイツの哲学者カントの話におよんでいた。私が「難しい話ではなく、

1960年、ブラウン氏(左)とシュウォルツ社長

楽しい話をしませんか?」と声をかけると、支配人は口を私の耳元に寄せてきて、「女性の秘所を英語でカントというが、なぜ哲学者と同じ名前なのか議論中だった」とささやいた。

バイヤーが来訪時は、ライバルの他社数人と見本を持ってストロング社に集合した。ときに同じものを競合させせられたので、担当課長への裏金攻めなどを心配し、戦々恐々としていた。

ニューヨークのエイボン・グローブ社のミルトン・シュウォルツ社長との商談日に、4社が接待することになった。夕食後はキャバレーに案内し、英語の上手い女性が付いた。

ミルトンは、色白で面長、英語の流暢な年増女に惚れ込んだ。1000円×4社の金で転ぶ女性に、私は大いに動揺したものだ。M課長への裏金や、領収書のない費用をどう清

算していたのかは記憶がない。〝汚れ〟のない商売はないものか——聞くべき父もこの世にいない。

商談のため、世界一周へ

『東京オリンピック』が行われた1964年、海外旅行が自由化され、その年に私は初めて海外に渡った。持ち出しの上限だった500ドルでは通訳費が賄えず、日本銀行高松支店に日参して2000ドル（72万円）を確保した。約70万円だった世界一周の切符を手に、私は緊張して羽田を飛び立った。

ニューヨークに着いた翌朝、宿泊先プリンス・ジョージ横のコーヒー店に入った。「ホットミルク、トースト、レモンティー」と叫んだ。ウェイトレスに全く通じず、真っ赤になって何度となく繰り返した。困っているところに日本人留学生が入ってきて、彼は、「ハットミーク、ティー・ウイズ・レモン」と言い、私のカタカナ英語を直してくれた。全身が汗ビッショリになった。

旅行社で、1日25ドル（約9000円）で紹介された通訳と一緒に、聳え立つ商工会議所を訪れると、中年の赤鬼のような男が手袋会社を探してくれた。電話番号、社名などをメモして約30社のリストを作ってくれたのだ。見ず知らずの日本人への彼の好意には、頭が下がった。

まずNYマーチャンダイス社に公衆電話をかけた。しかし、「販売が少量なので輸入はしない」という。通訳に、「5分だけでも」と食いさがってもらい、小柄なあるじに会った。温厚で人柄

1964年、エンパイアステートビル屋上にて

も良さそうな人だったが、ちょっと見本を見てもらっただけで関心は示してもらえず、10分ほどで退散せざるを得なかった。

次のお客にも断られ、3社目はゲルマート社というニット製の手袋屋さんだった。こちらも「革手袋に興味はない」と言う。頼み込んで見本を見てもらうと、「これならIBC社に行きなさい」と、親切なことに住所や社長名までメモしてくれた。が、社長が出張中だったために、次の機会用のリストに残すことにした。

食いさがってアポを求めた

のだが、4社目は作業用の手袋屋だった。9日間に30社に挑戦して、会えたのは3分の1以下だった。作業手袋屋さんが多く、ニット製品の会社が多かった。会社年鑑から選んでくれたのだから、仕方がないだろう。NYマーチャンダイス社だけが、数年後に口座を開いてくれることになった。

惨憺たる結果に失望し、ハンブルク行きのパン・アメリカン機でドイツに飛んだ。日本人は誰も乗っていなかった。勝手がわからないまま機内のトイレに向かったが、ドアに触ると鍵が壊れていて、扉が開いてしまった。「あんた！　失礼よ！」と、中の女性は大変な権幕だった。

アルスター湖畔のアトランティックホテルでは、ドイツ語と英語のメニューが読めず、一番上を指さした。野菜スープが出てきたので、すぐその下をさすと、コンソメスープが運ばれてきた。何とかメインディッシュをと一番下を頼むと、「レストランの名前です」と言われてしまった。

夜、ベッドにもぐり込んだが、明日は通訳が探せるだろうかという心配に始まり、しまいには再び日本に帰れるだろうかという不安にさいなまれる。時差の影響もあって全然眠れず、朝方になって涙が出てきた。

ハンブルクでは、〝元商社マン〟を自称する通訳と商工会議所へ。手袋会社らしい約10社のメモを頼りに、2日かけて巡回したが、手袋を輸入するという会社は一つも見つからなかった。

ホテル近辺で、「湖月」という漢字の看板を見つけた。当時は珍しい、日本食の店だった。喜び勇んで入り、刺身定食を食べてようやくひと息ついた。棚に吉川英治の『宮本武蔵』などの本が並んでいて、商社マンたちが読みふけっていた。

次のロンドンでも駆けずり回ったが、めぼしいお客は見つからなかった。失意の中、最後の訪問地イタリアのミラノに飛んだ。ホテル・マリディアンに投宿し、便器の横の洗面器のような陶器にまたがって蛇口を捻ってみた。シュルシュルと熱湯が吹きあがり、金の玉を火傷してしまった。水の蛇口で調節するべきだった。数日間ヒリヒリしただけで、帰国できたのは幸いだった。

孤独と戦った1ヵ月間、言語の壁、食事の違い、時差、文化の衝撃に耐えかねた。羽田では両足が床に着かずに浮き上がる、夢遊病のような感覚に取り憑かれた。

あえぎあえぎ英会話

散々だった海外出張の体験から、英会話ができなければ話にならないと、私は痛感した。

まず、東後勝明、ヘレン・レイノルズという先生の、NHKラジオの『英語会話』に精魂込めて取り組んだ。教科書代はわずか月120円だった。一緒に喋ると時間が余るので、2回繰り返した。出張中には家内が録音しておいてくれた。

車ではエンジンの始動と同時に、ケネディ大統領の講演を、エンドレステープで回した。大声で一緒に喋り続け、3年間に数千回くり返した。私の能力を遥かに超えていたが、その成果は、その後の商談ではっきりと現れた。

出張中は、レシーバーの音を左右に振り分ける松下電機製のビニールパイプで、いつでも何処でもなりふりかまわず英語を喋り続けた。口の中で一人、モゴモゴと発声練習をするのだ。

阪急電車の宝塚駅で乗り込み、終点の梅田に向かっていたときのことである。しばらくしてレシーバーを外すと、「宝塚、宝塚ァ」と言っているではないか！　キョロキョロしていると隣の主婦が、「あなたは梅田で降りずに乗ったままでしたよ」と教えてくれた。英会話に集中するあまり、梅田からそのまま引き返して来てしまったようだ。隣の学生が大声で笑い出した。穴があったら入りたい気分だった。

ボストンへの機内でも同じようなことが起こった。英会話に熱中していたら、スチュワーデスがまっ赤な顔でまくしたてて来た。早く降りてほしいとカンカンに怒っている。何ごとかと思いきや、もうボストンへ到着していて、回りには客が誰もいなかった。こうした汗と涙の努力を4年間続け、かろうじて商売ができるほどになった。本当にかろうじてだが……。

初訪米から4年目の1968年、神戸の世界一の英会話学校ベルリッツ・スクールに入り、1ヵ月間の総仕上げをした。授業料は約100万円だった。神戸校の開設時で、私には4人の外人教師がついた。40分特訓しては5分休憩、毎日10時間もの厳しい授業だった。夜中には英語の夢を見てうなされた。昼食も英語の先生と食事をするので、オーストラリアの美人教師ジュディー・スミスとのお昼が一番の楽しみだった。

1つの外国語をものにするのは、忍耐と努力に加えて、執念が決め手になった。4年間というもの、心を尽くして身を尽くし、元気に愉快に、感謝に満ちて全身を捧げ尽くした。有意義な投資だったと思う。私自身が英語を喋れないのでは、世界進出を目指すスワニーに大ブレーキがかかってしまうではないか。

それだけ頑張った英会話だったが、80歳が近づいたある日、電話がかかってきた。

「アー・ユー・ミスター・ミヨシ?」

「イエス・イエス・あーあー。モメント、チュー・ビー・エスタス(ちょっと待って! あなたは?)」と、毎日勉強していたエスペラントが飛び出し、英語は出てこなかった。10数年ご無沙汰していたら、こんな体たらくである。

ああ、通じない!

無我夢中で英語を勉強したものの、ある意味、日本人の弱点である和製英語の癖はどうしても抜けなかった。

3度目の訪米時、シカゴ市内で腹ごしらえをしたときのことである。青い目のウェイトレスにスパゲティを注文した。しかし、彼女は首をかしげるばかりだった。何度となく発声したが通じなかった。連れてきたコックさんにも「スパゲティ」をくり返した。「オー! スパゲティ」と理解されやっと昼食にありつけた。スパゲティの「ゲ」だけを思いきり発音するアクセントが問題だった。

ニューヨークからの機内で女性から「これからどこへ?」と聞かれた。「ゴーイング・トゥー・カナダ」「ええ！　どこ?」「カナダ」「わからないわ？　何て言ったの?」「アイ・セッド・カナダ」「カナダって何処よ！」「カナダ、カナダ！　わかる?」「わからないわ？　キャナダじゃないの?」。

ニューヨーク最大のカトリック教会「聖ヨハネ大聖堂」に行ったときのことである。タクシーの運転手に「アムステルダムまで」と頼むと、首をかしげていた。何度繰り返しても通じず「前に乗りなさい」とドアを開けてくれた。危険なニューヨークのタクシーは、運転席が鉄格子で遮られていた。地図で位置を示すと、「アームステルダーム」と。「ア」と「ダ」を強く発音することがわかった。

私が互角に戦えたのは、数字と数百の手袋用語だけだ。日本の人口を1億人と考えてハンドレッド・ミリオン（100×100万）、中国は10億人としてワン・ビリオンと頭に叩き込んだ。月商4億円だと4ハンドレッド・ミリオン円で、人口が50億人だと5ビリオン・ピープルズとなる。大きい数字は日本と中国の人口を想像して、ついていけた。

が、通じない英語の横綱は、「グローブ」――手袋だ。

「グローブ?」「グラーブス?」

いったい何と言えば通じるのか？

念願の直貿易スタート！

3度目の訪米時、ついに念願の、商社を通さない、メーカーとの直貿易を取り付けた。きっかけは、来日時に商談をしたことがあるエイボン・グローブ社ミルトン・シュウォルツ社長に電話を入れたことだった。「その声はエッオじゃないか、ホテルから数分だ。すぐ来なさい」という。神戸の商社、ストロング社とはまだ取り引きが残っていた頃だ。スワニーの直貿易が本格化する以前のことだった。

会って社長に、「ストロング社を気遣って、貴方にテレックスできませんでした」と言った。「なぜだ？　M課長か？　裏金をとって首にされただけじゃないか？　あの会社のお陰で、長らく商売をさせてもらったとは言える。が、社員管理はなってないし、私はMから大金を盗られたんだよ！　君は幾ら払ったんだ？」ときた。

言葉が出ず、黙ってしまった。すると、「私は5％の口銭を払い続け、さらに裏金だ。ケシカラン奴だ！」と。再び返事に窮した。また、「私に会いに来たんだから、商売を続ける意志があるはずだ。メーカーと我々が繋がると、競争力が強化される。そうだろう？」と。

「彼に払ったのは、ほんのポケットマネーですよ！」と私は答え、2％とは言わなかった。正直に吐露すれば、悔しくて卒倒しただろう。

私は黙って彼の目を見つめていた。しばらくして、「わかった。もういい！　君の英語力次第

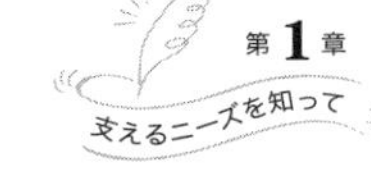

で取り引きを始めよう」と、ミルトンは突然、優しくなった。スワニーの品質や生産力を買ってくれたに違いない。こうして、何点かの見積を出して、注文を頂戴した。

商社を通さない、念願の直貿易が始まった瞬間だった。

受注金額はもう忘れた。社長は「英語は不充分だが、現物を見ながらなら大丈夫だ」と言い、「今度から通訳はいらない」と言って、通訳に頭を下げた。

弟さんのボブや、スタッフ全員から、私は握手攻めにあった。事務所は6人で運営していたが、配送場では数十人が働いているという。その後、マンハッタンに司令塔を持ち、郊外の倉庫から全米に発送する形態が、ニューヨークでの典型的なインポーター（輸入業者）のやり方だと知った。

別れ際に「来年はわが家に招待するので、もっともっと英語を学んできてほしい」と言われ、うっすらと涙が出てきた。固い握手をして別れた。

夜の巷で

ストロング社のM課長が首になった経緯を知ろうと、競合していた富士産業の鹿谷徳一社長に電話をしてみた。本書の執筆のためだ。半世紀以上も前のことだ。課長から5％を要求されたが、粘りに粘って2％に値切りとおしたと彼は証言した。結局4社から2％を着服していたことになる。アパートなら数十軒買えた額だ。

当時、鹿谷社長はストロング社の支配人から呼ばれ、「三好繊維から聞いたのだが、君もM氏に裏金を払っているのか?」と聞かれたという。正直に答えると、「わかった。午後にはMを解雇する」と、その場で決断したとのこと。おそらく、父が〝汚いこと〟に私を巻き込まないよう気遣って、支配人に直訴したのだろう、と私は直観した。

ストロング社の手袋課の部下には、3人の男性と女性1人がいた。いつもM課長と女性は定時過ぎにさっさと帰宅した。男性たちとの夕食後は、毎回キャバレーやバーで飲み歩いた。

三宮では、ホステスが200人もいたキャバレー「新世紀」に通った。客が酔い始めた頃、天井を覆っていたカーテンが燃えあがったことがあった。パニックとなり「ホステスはお客さんを連れて避難してください」とアナウンスが繰り返され、私は彼女たちと一緒に飛び出した。が、更衣室に飛び込んでしまい、持ち物を探して大混乱していた。誘導する人などおらず、そこから飛び出した。咄嗟(とっさ)の判断で別グループについて行ったら、外に出られた。

彼らが香川県に来たときは、高松のネオン街を案内した。キャバレー「レインボー・ガーデン」には、ホステスだけでも100人はいた。

雪村いづみがやってきて、『慕情』や『エデンの東』を歌っていた。フランク永井も何度か顔を見せ『君恋し』を、甘く歌いあげていた。

カタコト英語で顧客開拓

各地で通訳を雇って、顧客開拓のために毎年世界を一周した。右足が不自由な私には、車輪のないトランクの重さが苦痛の種だった。商談中に出てくる手袋用語を頭に叩き込み、亀のように一歩ずつ前進して、顧客を開拓していった。

前述のシュウォルツ社長から、約束通り自宅に招かれたときのことである。飲み物のあと、食卓に移った。そこで、「アップサイダン！　プリー」と、奥さんから頼まれた。彼女は鍋料理を持っていて、私に何度か催促した。理解できずに困っていたら、旦那が助太刀してくれた。「アップ・サイド・ダウン・プリーズ」だという。お皿を表にひっくり返せと、手真似してくれた。

少々酔っ払った彼から、「大手の手袋メーカー『グランドー』や『ファウンズ』にも売り込んでいるのかね？」と聞かれた。「ニューヨーク市から約100マイル北の手袋の村『グラバース・ビル』が彼らの本拠だ」と言う。「私と競合していないので行けばいい」と。

そこは16～17世紀、欧州から手袋職人が移民して来て、地名がグラバース・ビル（手袋村）となった土地だ。しかし、戦前には300社もあった手袋屋が10社ほどに激減していた。人口も1・5万人へと3割減り、東かがわ市と同様だった。その東隣が「タナーズ・ビル」（なめし村）、そして「ハンターズ・ビル」（狩猟村）に連なっていた。

大手の手袋メーカー、グランドー社を訪れると、アメリカ自治領のプエルトリコやフィリピンの工場で生産していて、他社から買う予定はないと言う。しかし、4度目に伺ったおり、リチャード・ズッカーワー社長から、豪華ハンバーガーをご馳走された。そして、柔らかい合成皮革の「ジェルミン」を気に入ってくれたものの、「ニット裏、パイル裏、兎の毛皮裏入り」の値段が高過ぎると言われ、交渉は山場を迎えていた。

丁度、「韓国スワニー」が軌道に乗った年で、約10％値下げできたことから、25ドルの平均価格で3万5000ダースの受注に成功した。1ドルが250円だった時代で、スワニー初の2億円を超える大型成約となった。

リチャードは新妻スザンと新婚旅行で来日し、こちらの栗林公園や屋島に案内するなど、家族ぐるみの交際が続いたが、後年二人は離婚してしまった。

欧米人のサイズ

10年間、大手メーカーのファウンズ社に挑戦し続け、壁は崩れなかったものの、マニラ工場の見学が許された。私が訪ねたときは、ワンルームの巨大工場で2000人が革手袋を生産していた。事務所と現場は全面ガラスで仕切られ、2階の社長室からも、全社員が一望できた。隅には水のシャワー室があり、常夏なので湯は要らないという。

「幹部の心さえ掴めば、管理は簡単だ」と社長は強調していたが、競争相手と思われたのか、現場は見せてくれなかった。平均月収は20ドル（7200円）で、韓国スワニーの8100円より低い。長年小売価格が上がらない理由がわかった。

彼から、カナダの「ゴールド・グローブ」が、マニラで手袋を作っていると聞き、会社のあるモントリオールに飛んだ。3代目のダニー・ゴールド社長は私と同い年で、大手グランドーと私の関係を知り、大いに興味を示してくれた。が、スワニー製は親指が4本の指股に近過ぎて、手を開くのが窮屈だという。青年用、少年用への縮小方法が定まっておらず、2点の修正が取引条件だった。

紳士のMサイズからLへは3％拡大、XLは6％大きく、Sは3％縮小せよと。青年Lは紳士Mの93％、Mは90％、Sは87％に。少年用L～Sは83％、80％、77％で、幼児用は73％、70％、67％とし、青年の袖口を3％、少年で6％、幼児なら9％広くせよという。日本向けは、ワンサイズダウンしたら丁度よかった。

ダニーから、革の伸びを考慮した、幼児から大人に至るまでの紳士Mサイズの紙型をもらった。彼の教えに従うと、目に見えて販売が拡大していった。

欧州のインポーター事情

フィンランドの首都ヘルシンキにある「カウコ社」は輸入代理店で、百貨店への仲介業をしていた。担当のカヨステ氏に、足の不自由な私が専務になった理由、会社の規模、欧州人にマッチしたサイズなどを説き、彼の審査にパスした。

この国では、早くから「ストックマン」「ソコス」「ケスコ」などの百貨店への直販体制が整っていた。次々と見本注文がもらえ、牛革製や、革を2枚に剥いたトコ革製の裏付きが主に成約できた。顧客の取引銀行が発行する「信用状」により、船積み後に即入金でき、カウコ社は取引額の5%が補償されていた。

商談中、駐車場に止めた車のドアが凍ってしまうので、エンジンをかけっぱなしで駐車しなければならなかった。冬の気温は零下30度を下回り、空は朝の9時頃からやっと明けはじめ、15時には暗闇になった。この国の車は24時間ライトをつけっ放しで、園児も懐中電灯で道を照らして登園していた。

ロシアの圧政に苦しんできたフィンランドは、日露戦争に勝った日本に好意を寄せ、東郷平八郎を英雄として讃えていた。私が競争相手よりも一足先に北欧に飛び込んだことや、対日感情の良さが、売り込みに成功した理由かもしれない。

スウェーデンの首都ストックホルムにある「オウグ・エクロー社」も、訪欧ごとに伺っていた。その後、足の不自由なエクロー社長と、大阪のロイヤルホテルでの商談を約束していた。が、聞き違えてか私は神戸のロイヤルホテルで待っていたので激怒され、電話で「もうええ！」との捨て台詞を残して、縁が切られてしまった……。

数年後、スウェーデンの別の会社と商談後にビルの一階に降りたときのことである。ストックホルムのタクシーがストライキに入っていた。次の商談先に行けなくなって途方に暮れていたところ、郵便車が滑り込んで来た。「助けてください『スウェーデン生協』まで乗せてください！」と、私は必死に運転手にしがみついた。「とんでもない！　これは郵便車ですよ！」と追い払われた。確かに、彼の言い分はもっともだった。郵便車はタクシーではないのだ。けれども、両手を合わせて彼を拝んだところ、私の不自由な足に同情したのか「誰にも内緒ですよ！」と言いつつ渋々乗せてくれた。そんな奇跡が起こって、エクロー社の顧客だったスウェーデン生協の口座が開かれる糸口となった。

イタリアのAGAM社は、社長キオディ氏が率いていた。毎年春と秋に来日し、私の断食経験を「イエス、イエス」と応援してくれた。自身も玄米採食を守り、夕食を一食とるだけで一日粘れるタフガイだった。秘訣は、毎日500メートル泳ぐことだという。彼から「泳いで体力を作れ」と何度も説得され、のちに250メートル泳ぐのが私の日課になった。

未知の国々の文化を学びながら、欧州でのビジネス事情に少しずつ詳しくなっていった。

世界一の百貨店「シアーズ」への道

1975年頃、欧米の大手チェーン店は、アジアからの直輸入に踏み切るようになっていた。

私は売上のランキングや店の特徴などを調べあげ、受付係からバイヤー名を聞き出してリスト化していった。

17位だったボストンにある「ゼイヤー社」のグラント氏に電話を入れた。が、「間にあっている」と切られてしまった。何度かけても「もう、やめてくれ！」と言う。思い余って押しかけた。受付から電話して「5分でいい！」と粘った。「いらない！　何度言ったらわかるんだ！」と怒鳴られた。が、「日本の情報はタメになると思いますがね」と食いさがった。

「ほんとに5分だぞ」と言われ、部屋に上がったら黒人のバイヤーが立っていて、戸惑ってしまった。私は未熟だった。自分のイメージと違う相手がいたからと言って、驚いてはならないのだ！

すぐに1時間が経った。意外なことに、「商品や値段が気に入った」と言う。のちに彼が四国に来てくれて、ビジネスが始まった。私の経験では、飛び込みで半分は面会でき、大抵はいい結果を生んできたと言える。

15位の「コルベッツ社」は、ニューヨークにあった。13回目の攻略でようやく取り引きが始まった。3人目の黒人バイヤーになってから、口座ができた。背が高くて、鼻筋の通った彼の名前はフィッツパトリックといったが、発音が難しく、何度も電話交換手に切られてしまった。

そのうち、フィッツパトリックの、「パ」だけを強く発音することを知った。5回ほどスペルを書いて覚えた。

年商5兆円に社員数40万人、世界一の百貨店だった「シアーズ」の売り込みには7年間、20数回シカゴに飛んだ。四半期ごとの執念の訪問を繰り返し、寝ていてもジェット機の騒音にうなされ、ヨシ子が心配するほどだった。シアーズの拠点には、広い敷地に建物群が散在していた。威厳ある建物を探し出し、世界一の看板に圧倒されて、足がすくんだ。

6畳間くらいの小さなバイヤーの部屋で、机に見本を並べた。中肉中背のハンソン氏は手袋の片手を取りあげ「幾ら？」と聞いた。「25ドル40セントです！」「表生地は？」「ジェルミン。日本製です」。「柔らかいねえ！　裏は？」「アクリルです」。そこで15分ほど過ぎた。「すまないねえ。次のメーカーが！」と、退却のサインだ。彼とは4～5回会ったが、機会は与えられなかった。

それでも、四半期ごとに訪問し続けた。2年後、見上げるような長身、青くて細い目、鼻の高いスチュワート氏にバイヤーが代わっていた。引継ぎもなく、理由もわからず、やはりチャンスは与えられなかった。

6年目、3人目はブリッジ氏というバイヤーだった。お互いがアマチュア無線家なので、その話で盛り上がった。話し始めに口を「モゴモゴ」するのが、小柄な彼の癖だった。よく話を聞いてくれ、真摯な態度には誠意があふれていた。6年間通い詰めた熱意が買われ、四国と韓国工場に来訪してくれた。ソウルで彼を迎え、7年目にしてついにビッグビジネスが成立。毎年2億円以上いただくようになった。

このトム・ブリッジ氏は、1980年のスワニーアメリカ設立時に副社長に迎え、最前線で活躍してくれた。文化や習慣の壁を破って、彼が果たしてくれた貢献は計りしれない。

２００４年、定年で退職となったが、好意溢れる奥さんのジュディーさんや、その父上を何度も訪ね、娘さんの結婚式にも招待された。

シアーズ社長に招かれて

１９８２年、シアーズの社長夫妻が来日し、５００社近い納入先がホテルオークラに招待された。西武流通グループ総帥の堤清二氏をはじめ、そうそうたる有名人がたくさん参加していた。温厚そうなスイフト夫妻は入り口に立ち、一人ひとりと握手を続けていた。私が入ったときにはすでに30分が過ぎていた。「貴方には何を納めていただいていますか?」と聞かれた。「グローブです」「えっ、何ですか?」「グローブです」「すみません、わかりません」「ウィンター用のグローブです」と手で恰好をしてみせた。

「ああ、グラーブズですか!」と目を大きくして微笑んだ。私の英語は通じなかったが、吹けば飛ぶような自分を招いてくれたことに感激した。ジェット機の金属音に悩まされ、汗を流し、雨風に打たれ、雪を被って、20数回シカゴに飛んだことを思い出した。

「俺は俺に勝ったのだ!」と、心の奥で叫んだ。涙が出そうだった。周りに誰もいなかったら、大きな声で腹の底から泣きたかったが、ぐっと堪えて、夫人と握手をしてから前に進んだ。

4 悲願は年中商品

閑散期克服への険しい道

グローバルな展開で、スワニーは順調に売上を伸ばしていった。しかし、手袋の最大の問題点――冬場にしか売れない――という季節商品の足かせを外すのは至難の業だった。

閑散期の12月から3月までに生産できるオーダーが不足し、たびたび工場が止まった。材料の入手期間や見本確認などから逆算して、夏の7月一杯ニューヨークを拠点として、5～6都市を巡回し始めたのは1970年代だ

マニラ工場を見学した「ファウンズ社」のニューヨーク本社に日参した。グラックマン副社長はスワニーを競合視していたが、品質や値段で崩せるのではないか、と私は期待していた。しかし、7～8年通っても、業界の重要情報を取られるばかりで進展せず、諦めざるを得なかった。

5番街の「アリスグローブ」は、毎年数億円もテレビ宣伝を行い、ハンドルが滑らない運転用として、よく伸びて「誰にでも贈れるワンサイズ」の手袋、「アイソトーナー」をヒットさせて

いた。

「冷たいハンドルからアメリカ人を解放した」手袋と言われていて、世界一のブランドだ。

ここの担当のハーマン氏とは、毎回彼の出勤時間の7時に訪問し、商談を続けたが、なぜか進展しなかった。早朝の時間が活かせるとの判断で、6～7年も続けたのだが……なお彼はのちに、スワニーアメリカの副社長に応募してきたが、条件が合わず前述したトム・ブリッジ氏を採用することになった。

アメリカのメーカー「ゲイツ社」は、人の良さそうなネッセル爺さんが全権を握っていた。汽車で通ったグラバース・ビル本社では、よく家族やゴルフのことを持ち出すので、下心でも？と勘繰ったりしたが、私の考え過ぎだった。彼は、軽いポリプロピレンの生地製で、厚い裏入りのスキー手袋を、極東のメーカーに毎年3000ダース（約1・5億円）も発注していた。

約25ドルだった手袋を約10％値下げし、「7月中に決めてほしい」と粘った。出血覚悟の値段だったが、私が帰国した2週間後に、「シアトルまで来てほしい」と言われた。

いい便が満席で、初めて片道だけをファーストクラスで飛び、空港で商談した。半分は3月積みが認められたが、半分は倉庫料が出費となる9月積みで押しきられた。が、工場が止まらずに稼働できるのは有難かった。

閑散期で赤字を出しても繁忙期に挽回し、平均5～6％の純益を目指すのが、わが社のビジネスモデルであった。

私の戦略への理解は年々深まったが、繁忙期になった追加注文のたびに、10%の値上げを拒まれた。翌年の閑散期用の受注が難しくなるので、値引きしないよう頑張ったが、結果的には、4～5%の純益を上げるのに四苦八苦してきたと言える。

インポーターでは、「NYグローブ」「エイボングローブ」「グランドー」、モントリオールの「モナーク」などを毎年訪問し続けてきた。が、リスクを冒して見込みで買う顧客は限られ、10年以上頑張っても、目標の半分の2ヵ月分獲得するのが精一杯だった。

閑散期、南半球で……

季節が逆になる南半球に、手袋会社のスワニーが閑散期の仕事を求めたのは必然の流れだった。

オーストラリアはシドニーの「デンツ・グローブ」の社長に会ったのは1977年だ。

前もって会社案内を送っていたのが功を奏し、ギャソン社長夫妻から日本料理をご馳走される展開には驚いた。しかし、大いに期待した翌朝の商談で、ひどくがっかりしてしまった。商品1点あたり数十双しか注文してくれなかったのである。

メルボルンでも数社と面会でき、前向きな対応を受けたのだが、どこも似たり寄ったりだった。

手袋が売れるほど寒くなるのはタスマニア島などの南部だけで、人口も少ないのが原因だった。南アフリカも同じではないかと思ったが、諦めるのは現地確認をしてからにすることにした。

1977年、デンツ・グローブ社長夫妻と

給油のために豪州西南のパースで降り、インド洋を一跨ぎし、日本の1・6倍も広いマダガスカル島を飛び越えた。南アフリカのヨハネスブルグと、ケープタウンを回った。両地で数軒の手袋業者に会えたが、やはり1点あたり数十双単位の注文だった。

せっかくなので喜望峰に立った。断崖からの景色は絶好で、周囲には誰もいなかった。何となくわびしい気持ちで一人でそこに突っ立っていると、ドイツ人夫婦がやってきて、旦那さんがシャッターを切ってくれ、奥さんと写真に収まることになった。一期一会のめぐり会いだった。

ケープタウンを飛び立ち、コンゴのキンシャサ空港経由でロンドンに向かったが、ヒースロー空港が濃霧のために、夜遅くスペインのマドリードに降ろされてしまった。

航空会社から提供されたホテルで、ボーイが荷物を置いて、「バタン」と扉を締めて出ていった瞬間、ドアノブがコロリンと転げおちた。ドアが開かなくなって、すぐにロビーに電話したが、私の英語は通じなかった。困り果てて「ＳＯＳ！」と叫んだら、係がやって来て直してくれた。

汗を流して南半球を一周した努力も、残念ながら閑散期の仕事確保には役立たなかった。

閑散期、一進一退

アメリカでは、スワニーブランドのスキー手袋が毎年約10億円売れるようになり、一部が見込み生産できるようになった。閑散期に約１ヵ月分の仕事が確保できたのだが、中国工場製のために、今、トランプ大統領の報復関税によって、困難な事態を迎えている。

２０１８年から、スワニーアメリカに桑原一郎君を社長として派遣した。彼は直ちに季節商品からの脱皮を目指し、バイク（自転車）用手袋に取り組んだ。

スキー手袋最大の売り場はロッキー山脈の近辺で、夏場はマウンテンバイク用品を販売しているが、２０１８年度の残雪が溶けず、２０１９年夏の「バイクレース競技会」が開催できなかった。今後に向けて仕切り直しとなっている。

半世紀におよんだ冬場の仕事確保は、一進一退しながら今日に至っているが、春夏用のスポーツ向け手袋の開発が、今のスワニーには最重要課題になっている。

UV手袋で通年生産を実現させる

スワニーが日本でいち早くUV手袋にチャレンジしたのは、今から40年近くも前の1982年のことである。「女性の手や腕の日焼けを防ぐ手袋がほしい」と知り合いの婦人が求めてきたのがきっかけだ。妻のヨシ子に話すと、「友人だった千代田生命保険の営業員もほしいと言っている」と乗ってきた。

日除けになるような薄い生地で、ショート、セミ、ロングで各種の見本を作り、保険会社の職場に持って行った。その席で、「淡い色より黒が一番紫外線を遮る」と言われ、なるほどと納得。6名の女性たちには予想以上に好評で、「これはいける!」と手応えを感じた。

マーケティングは電通の高松支店に依頼し、包装などにも細心の工夫を凝らした。

商品名はオードリー・ヘップバーンが主演して一世を風靡した映画、『マイ・フェア・レディ』をもじり、「マイ・ケア・レディ」とした。

1984年に、奥代恭史君、三谷英信君、一色一正君、室巻卓君らが入社してきた。

その4名で「マイ・ケア・レディ」の全国販売を開始したが、期待に反して、多くのお客様から「サイズが小さい」と指摘され、4~5年あまり在庫の販売に苦戦した。

後にスワニーカンボジア社長となった奥代恭史君は、当時のことを次のように振り返る（1999年のスワニーニュースから）。

「転勤を命じられ、布団とコタツとTVを大阪に運んで、今は懐かしいマイ・ケア・レディを毎日、売り歩いた。ツンとすました化粧品会社の女性社員たちを目当てに通い続けた。見本を提げて、うだるような酷暑の中、汗だくになって頑張った。まるで富山の薬売りじゃがな！　恥ずかしいというより、ほとんどヤケクソだった。ヤケクソにお情けを頂戴したのか、たくさんの店に置いてもらえた」

今なら当たり前に普及しているが、当時は、日焼け止め手袋そのものが知られていなかった。先見の明を持つのは大事だが、時代を先取りし過ぎても商売にはならない。販売店もなく、発売が10年早かったようだ。努力の甲斐なく、数千万円欠損を出して撤退した。

それから15年も過ぎた2000年頃から、数社が「UV手袋」として売り出し、世間に認知され出した。現在、スワニーも仲間入りし、毎年100万双ほど生産している。業界売上の約2割の市場が形成され、激しい価格競争を展開しつつ、大型商品に成長してきたが、冬物への偏りは解消されていない。

「ポスト手袋」で年中商品に行き着く

模索は続いた。1980年代、子供から大人までに合うノビノビ手袋「Big Swany」は競合に負け、裏付きの「Hot Swany」も続かず撤退の憂き目にあった。

透明ケースに入った裏入りで、32色揃えたニット手袋の「Yes Swany」は、十数年売れ続けた大型商品に育ったが、年中商品ではなかった。

1985年、米国でヒットしていた「Grips」に倣い、アウトドア用の牛革手袋を、「Grip Swany」と名付け、弟の治雄が市場を作りあげ、マニアの間で知名度が高いことは前に述べた。

もしかすると、手袋以外の「新天地」がどこかにあるのかもしれない、と私は思った。「スワニーは手袋屋だから」と手袋にこだわってきたが、払い下げの軍のテントを材料にズボンを作ったことが始まりなのだ。何も、手袋だけにこだわる必要はあるまい――もっと発想を柔軟に持つ必要があった。

ヒントを身近に求めた。

身障者の私は、海外に出るたびに重いトランクに悩まされ、疲れ切っていた。そこで、まず自分用にと、バッグの革命に取り掛かった。そして身体を支える「スワニーバッグ」にたどり着き、季節商品脱皮の道を探り当てた。

またその後、ポストポリオ症候群（後に詳述）に罹り、3年間車いす生活を余儀なくされたこ

とがあった。従来のものだと扉や便器などに当たって動きにくいので、思い切って、超小型の車いすを自分用に作ってみた！　直径40センチメートルの駆動輪、床の物が掴める超低床。図面を引き試作を繰り返し、約1千万円かけて完成したのが「えつおスワニー」だ。

しかし、小型ゆえに路上でドライバーが気づきにくいという欠点があった。

東京ビッグサイトでの国際福祉機器展に出展したが、注目を集めたものの試作品70台が全く売れず、社歴用に1台残して廃棄した。悔しさで全身が震えた。その失敗が、後年の成功に繋がるとは、当時は夢にも思わなかった。

数々の失敗を経て、「人々が心底求める商品を開発しない限り生き残れない」と肝に銘じた。

今や、手袋と双璧をなす看板商品となった支えるバッグや、小さく畳める車いすの開発秘話については、第2章で思う存分に語りたい。

5 海外進出

日本で生産拡充

香川の小さな一手袋会社が、どうやって規模を拡大し、世界に進出していったのか――ここでは「生産」の観点から、その流れについて順を追って説明していきたい。

スワニーが海外に進出したのは、ひとことで言って、製造業特有の「人件費」の問題があったからである。今では当たり前だが、安価で優秀に働いてくれる人材を求めて、海外に製造の場を求めたのだ。しかし、ここでも私たちは時代を先取りし過ぎたために、ナショナリズムとマスコミの激しい抵抗や偏見にぶつかることになってしまったのだった……。

さて、私が入社した頃の古い話に戻る。工場が手狭になった１９６０年、父の設計で拙宅の隣に、約１００坪の工場を建てた。1階で裁断し2階が縫製工場、社員数が約百人に膨らんだ。

そこで持ちあがったのが、前述した社屋の新設移転の事業だ。１９６４年、用地としてＪＲ高徳沿線に数枚の田地２３００坪を約７００万円で確保した。若造の私が設計し、４２０坪の工場

に約2000万円の費用がかかった。中央の事務所から工場と倉庫に繋がった平屋で、「大和ハウス」のパイプ構造にして費用を抑えた。

1968年には、高校野球で有名な徳島県池田町に「池田スワニー」を設立し、翌年には同町内の校舎を借りて「徳島スワニー」を、翌年には、高知県の早明浦ダムの下に「高知スワニー」を創業した。旧白鳥町を中心にした産地では、働き手が足らなくて、農村の主婦を求めて四国の中部に出て行った。意図は的中し、3つの工場に200人も集まった。

裁断と縫製技術は、創業の頃から腕を磨きあげ、韓国3社や中国4社の技術を担った岡田康男さんが担当し、経営は弟の朝男が3社を統括した。

難しかったのが革の支給管理だった。30~40枚を紐でくくった革から、掻き傷は手の内側に隠して裁断してもらい、一双あたりの使用量を極限に抑えるのが生き残りの条件だ。裁断工は、掻き傷の少ない革を取ろうとするので、いつの間にか倉庫には傷物ばかりが残った。裁断工の言いなりにならず、部下を説得できるかどうかは、トップの代理である管理者次第だった。

次が親指縫い、マチ縫い、甲やヒラの縫合わせなど、工程毎の能率給の設定方法が問題だった。少しの不公平にも全縫製工の目が光り、もめ事はいつも能率給から発生した。不満がでない能率給の設定は、永遠の課題として、今もジャングルの中だ。

革手袋は本社や、徳島県、高知県の3工場で生産し、生地や合成皮革製は、県内や徳島県の下請けで「縫製から仕上げ」を頼んだ。数人から十数人までの規模で、品質や納期などの信頼度は、下請けのオーナー次第だった。また、生産能率や品質に敏感に影響したのは、楽々と縫えるよう製図された手袋の金型だった。カナダはゴールド社の原型が存分に活かされた。

携帯電話のなかった時代に、無線電話付きの３台の２トン車で外注管理をしてきたが、時に品質不良や納期遅れを起こし、自社生産できる韓国や台湾への投資を検討し始めた。

韓国を生産拠点に

拡大基調の中、毎年2～3割も台湾に奪われ出し、進出先に韓国が浮上した。「手袋が必要な寒い韓国なら、台湾より良品ができる」という父の意見から、韓国と運命を共にすることになったのだ。

１９７２年、75万ドル（約2億5千万円）投じた初の海外工場「韓国スワニー」設立が、急激な円高を回避する起爆剤となった。偶然か幸運というべきか。３６０円から２４０円に急騰した「ニクソン・ショック」により、本社は億の利益が吹っ飛んだ。しかし、被害は日本製材料と利益部分だけとなり、85年の「プラザ合意」による80円超の急騰に、もがき苦しみつつ耐えてきた。日本への輸入を増やして、輸出入を均衡させる努力を重ねて対応してきた。

馬山市の工業団地に設立した運命共同体には、背水の陣で臨んだ。私の座右の書から、「自分のために、社会のために、世界のために」を社是とした。自分のために努力するのだが、同時に、

社会や世界のために貢献しようという理念だ。原価700円の手袋を1000円で売れば、韓国スワニーから850円で買い、日本と韓国が「利益折半」した。現地にも利潤を残す方針で、優秀な人材を集めることに成功できたと言える。

親友となったソウル市の李松雨氏は、私の座右の書『生きがいの探求』に感動、自ら韓国語に翻訳し、2000部を出版した。李氏の友人だった康鴻芹さんは、朝鮮戦争で夫を亡くし、「全国戦没者未亡人会」の会長をしていた。その子息の孫永哲君を、ソウル大学卒業後に韓国スワニーに迎えた。同社の社長を経て「スワニーアメリカ」の社長となり、2013年に定年退職、今、釜山市で悠々自適の生活を送っている。

言葉が通じない外国人の採用で、「手先の器用度を測る器具」（厚生労働省編、複数の穴が空いた30×20×3チセンのパネルに、色違いのピンの上下を入れ替える）を実際に試して、情実入社を阻んで成果をあげた。手先の器用さと根気が勝負だからだ。

先端工場と言われたアメリカ最大の作業会社「ウェルズ・ラモント社」を見習い、良質で低コストとなる1品種1工場を目指した。韓国スワニーは、合皮と牛トコ革（2枚に削いだ裏側）の防寒用、東洋スワニーは合皮スキー、亜細亜スワニーは革手袋というように。

約400名を雇用したが、一時650名に膨らんだ。日本の平均月収が約3~4万円の時代に、初任給が約8000円だった。合成皮革製を生産し、給与の7割は能率給が占めた。韓国人の旺盛なハングリー精神に助けられて、成功できたと言える。

1976年、中西部の市に「東洋スワニー」、その隣に「亜細亜スワニー」を設立した。しかし、中国との価格競争に負け、1990年までに3社とも閉鎖して地元企業に売却した。

1979年、朴大統領が暗殺され、社内での異様な雰囲気に打つ手はなく、街ではデモ隊と軍隊が衝突し反日運動にも発展した。が、マスコミ報道ほど経営への影響は出なかった。

「渡り鳥」と言われて

人件費の上がる韓国では、次第に採算を取るのが難しくなり、大きな試練を迎えることになった。撤退の最後は、亜細亜スワニーを閉じた1989年のことだった。年末に若い女性5人の労組幹部が来日し、私は徳島空港で迎えた。「金銭面でお応えしたい」と切り出すと、「民族の尊厳を守るための来日で、お金じゃありません」と強烈なパンチを食らった。

韓国人の林常務から「女性たちが交渉に行く」と知らされ、何となく油断していたところ、「韓国では、男はブラックリストに載ると再就職できないので、組合活動はやりません。本当に恐いのは、結婚に逃げられる女性たちですよ！」と釘を刺された。

日本の全国紙は、ここぞとばかりに「韓国撤退の労使交渉越年」「低賃金を求めた渡り鳥」「協約守らず一方的」と書いた。「韓国労組員ともみあい騒ぎ」「今後の交渉拒否」など、100回近くも報道をし続けた。約3ヵ月間、全国からの葉書や手紙による抗議は7000通を超えた。「極

悪非道の三好社長！　貧しい女性たちを救え！」などなどだった。

朝日新聞の記者が来た。「採算が合わなくなると撤退するんですね？」と。私は「同じ手袋が１５００円と２５００円だとします。貴方はどちらを買いますか」と迫った。「そんなこととは無関係です」と逃げられた。「職場を提供して長年貢献してきましたが、中国に勝てません。事の真相をお伝えください」と訴えたが、無視されてしまった。

１００日間に19回の団体交渉と7夜もの徹夜交渉で、テープレコーダーや灰皿などが投げつけられた。私の耳元で「36年間の侵略を何と心得ているのか？　返事してみい！」と、何度となく夜通し叫ばれた。歯を食いしばって朝まで耐えた。

韓国人でスワニーアメリカの孫社長が、「そんな生優しさでは解決しません。三好社長は悪くありません。社員は自分の都合で辞められます。社長は退職金を払えば解雇権があり、それが真の平等です」と言ってくれた。この言葉に救われ、謝罪一方の姿勢を変えることにした。

3月に入っても、土日ごとに女性たちや約４００名の支援者に取り巻かれた。「要望どおりカネは1銭も払いません。いい加減に抗議をやめなさい」との文書を手渡した。その隙に侵入して来た社員たちと乱闘となった。機動隊に救われて収拾できたが、双方に骨折者や怪我人が出てしまった。直後、労組代表から、「社長、お金の話をしませんか？」と電話がかかってきた。

3月6日、近隣のホテルでの2日続きの徹夜交渉で、1億５０００万円の要求に対し、「５００万円が限度だ」と突っぱねると、「そんなはした金で！」と言われカチンときた。

２日目の早暁に、「好きなようにしろ！」と叫び、帰宅してベッドに潜り込んだが眠れなかった。そのあと、３０００万円の慰労金の支払いで、ようやく決着した。

５００軒近いご近所に謝罪して回り、何とか難局を切り抜けた。

今振り返ると、マスコミの言う「渡り鳥」とはいったい何だろうか？ 企業が人件費の安いところを求めるのは、生き残りを賭けた自己防衛だと思う。生産を移すことで、先進国は価格の高騰を抑え、途上国は職を得て生活のアップを図る。「いいものを安く」を世界に広めるには、この分業体制しかないだろう。今ならどの企業でも当たり前にやっていることだが、当時はまだ風当たりが強く、日本では最先端の分業制にトライしてきたスワニーの代表であった私は、ある意味スケープゴートにされてしまったのだった。

スワニーアメリカを設立

70年代、「寒くなれば追加注文できるので、米国で在庫を持たないか」と、数社の大手小売チェーンから要望された。長谷川勇君を社長として派遣し、「シアーズ」のバイヤーだったトム氏を副社長に迎えて、スワニーアメリカ（ＳＡ）を設立したのが１９８０年だ。

「エンパイアステートビル」の12階の約93平方メートルを、年間２万５０００ドル（約５００万円）で借りた。賃料は東京とほぼ同等だ。ビルの周辺に手袋会社が集まっていて、雨の日でも傘なしで回

れて、お客様にも「都合がいい」と言われていた。年間家賃が5万ドル（約1000万円）の倉庫を、郊外のニュージャージー州で借り、暗中模索しつつ体制を整えていった。

アメリカでの拡充を機にして、本社では米国向けの新商品開発に乗り出した。ちょうどその頃、万年筆メーカー系の「パイロットインキ社」が、摂氏8度以下で発色する印刷技術を売り出したので、その技術を使って、寒い日に外に出ると孔雀が羽を広げ、戦車が浮き出る子供用の手袋を作ったのだ。「Freezy Freakies（フリージー・フリーキーズ）」（FF）と名付けた。

テレビ宣伝に300万ドル（約7億円）かけ、9年間に200万双1200万ドル（約30億円）販売した。4ドルほどだった子供手袋が12ドルでヒットし、顧客は全米に拡がった。

トップメーカーだったグランドーのリチャード社長が、「えつおに負けたよ」と私に降参してきた。一人の幹部が帰宅したら、冷蔵庫からFFが出てきて驚いたという話をしてくれた。「わが社の手袋があるじゃないか」と息子を説教したら、「絵が出る手袋がほしいんだ！」と泣きつかれたという。

1987年には、顧客だった老舗メーカー「エルマー・リトゥル社」を買収した。百貨店への足がかりに、約38万5000ドル（約6000万円）のロイヤリティーを払った。しかし在庫を引き受けて資金繰りに困り、人員削減など含めて10年ほど苦しんだ。尊い経験だった。

1989年、スワニー初のアメリカブランド、「スワニースキー」を立ち上げた。「USSTスピードスキー」チームと、「ワールドカップ」のスポンサーとなり、ラスベガスの「SIAスキーショー」

で展示し始めた。

商品名の「Flexor（フレクサー）」は、航空宇宙局NASAの波及技術を10万ドル（約2000万円）で買い、指の関節が楽々と曲がる関節付きのスキー手袋だ。

「Flexor Toaster（フレクサー・トースター）」は、手を入れたままジッパーが開閉でき、指が出し入れできるミトンだ。防水透湿で暖かく、3種類の絶縁体を貼り合わせた「Tri Plex（トゥリ・プレックス）」裏とした。

こうして、米国で初めて1双100ドルを超える手袋が、アメリカ市場で受け入れられることになった。

中国スワニー誕生

中国製に負けて韓国3社の競争力が落ち、抜本策を迫られていた頃、メインバンクである百十四銀行の三野博頭取から、「中国に進出しませんか？」と誘われた。来日した「中国銀行」のトップから、「手袋会社を紹介してほしい」と頼まれ、即「三好さんだ」と閃（ひらめ）いたという。

三野頭取らと訪中したのは1984年2月で、寒さに震えつつ、杭州、上海、南京、蘇州、昆山を回り、連日連夜「乾杯」で大歓迎された。2度目の3月には蘇州市に絞り、4月から蘇州と上海間の昆山に腰をすえた。毎月1週間訪れ、開発区の宣柄龍主任ほか10名と交渉した。

資本金は150万ドル（約3億円）、日本側が52％で中国側が48％、年間5・5元×10500平方メートル×20年の115万元（約1億円）の土地使用権が中国側投資となった。合弁期間は20年間で、社員400名の月収は、工会費（保険・年金など諸手当）を含め180元（約9000円）となり、競争力が保てる水準だったが、まず社名でつまずいた。

私が「スワニー中国」を求め、先方は「中国スワニー」を要望。これまでの投資先は、頭に「スワニー」が付いていたから、私はこだわった。終日の交渉でも決着せず頓挫した。早暁に夢を見ながら思いついた「中国名は中国スワニー、英語名はSwany Chinaでは？」というアイデアを提案。「それなら互恵平等だ」と、2日がかりで決着した。

3回目は、合弁比率をめぐって3週間議論し、暗礁に乗り上げた。日中の投資比率は日本が過半数を占める6割を強く押したが、中国側は折れなかった。協議中、先に中国に進出していた「東洋紡糸工業」を訪ねた。小林社長から「人脈がすべてで、何よりも信頼関係を築くこと」と教わった。これを取り入れてわが方が折れ、日中の折半投資で決着することになった。

マラソン交渉は、5回訪中して30日間の協議となり、63項目の協定が結ばれた。その後、大阪や東京で中国側が開いた「昆山市投資説明会」に、社をあげて協力してきた。

工場ができた翌年には現地で操業式を迎えた。10名の女性社員に、前夜お茶のお運びを教え、妻ヨシ子のお点前には、報道陣が押し寄せた。三野頭取夫妻や凌志偉中国銀行副行長など、全員に抹茶を賞味してもらった。

1985年、中国スワニー創業式でお点前を披露するヨシ子

ニシンの昆布巻などが入った幕の内弁当400個、茶道具など総計300キログラムを持ち込み、桜の苗木50本を記念植樹するなど日本文化の祭りとした。宴会費など含めて30万円に抑えて、未知の社会主義国での失敗に備えた。

16年後の2001年には、市の中央で幹線十字路の角地1万2000平方メートルが提供されて移転し、2003年、中国側の資本金を600万元（約5000万円）でスワニーが買収した。

日本の進出は、鄧小平の「電子工業の近代化を手伝ってほしい」との要望に、松下幸之助が応えたのがきっかけだった。数社の大企業が進出していた中、スワニーは、江蘇省初の外資企業となった。しかし、2019年には社員数が4分の1に減り、郊外への移転計画を進めている。

文化の壁を越えて

人口50万人と言っても昆山市は、田圃の中の田舎だった。1984年当時、「昆山招待所」では、私が初めて宿泊した外国人だった。

部屋はバス付きでダブルベッドだったが、中央に敷かれた1畳ほどの絨毯は、汚れて煙草の焼け跡だらけ、風呂は赤茶けた泥湯で底が見えなかった。1泊15元（約2700円）だが、外国人は兌換券（輸入品が買え、闇で5～8割高かった）での支払い義務があった。

鍵はもらえず、どこでもプライバシーはなかった。朝、ベッドで仰向けになり、素っ裸でいつもの「西式健康体操」（第3章で詳述）をしていた。横を向くと誰かがいるのに驚いたら、女性の服務員だった。日本人のストリップをただ見されてしまった。

ホテルのボイラーは夜の8時に止まるので、宴会後はいつも湯が出なかった。服務員に無理を頼んで、食堂からポットに10杯の湯を運んでもらった。千円札のチップをはずんだら、すかしたりめくったりして日本円を取らなかった。財布にあった1ドル紙幣を見せると、喜んで受け取る。「あんたは贅沢だ。中国人はお湯1杯で身体を洗うんだよ！」と言いながら。

蚊取り線香は部屋にあったが、煙にむせて寝られなかったので、蚊が刺すのを見届けて、一匹ずつビンタをかませてから寝た。４～5年後、ようやくベープが常備された。

私は小児麻痺の影響で足が冷えるので、電気毛布と２２０Ｖから１００Ｖへの変圧器を持参したが、夜中の停電には参ってしまった。町全体も突然の停電に見舞われていた。電力不足のために、曜日ごとの7地区に供給していて、停電日が中国スワニーの休日だった。

灰色に沈んだ街を、誰もが人民服で歩き、女性はまったく化粧をしていなかった。食料、石鹸、布地、マッチまで配給制で、購入には証紙が必要だった。都市の住宅は平均30平方メートルで、トイレとシャワーは共同だった（２０１7年にはトイレ付きで平均57平方メートルに）。

招待所の朝食は、お粥（かゆ）にザーサイが美味しかった。野菜を炒めた「青菜（チンツァイ）」や焼きソバもあった。アヒルの卵を粘土で包んで発酵したピータンが出たが、強烈な腐臭はいただけない。

街の食堂では「歓迎・歓迎（ファンイン）」と迎えられ、真っ黒に汚れたフキンで残飯をはき落とし、「はい、何にしましょう」とくる。毎回１・５元（約60円）の焼飯を食べ、とても美味しかった。

私は招待所の2階のロビーで、ＮＨＫの『おしん』を見た。10歳だった子役の小林綾子さんが、筏で最上川を下っていた。当時はＴＶが普及しておらず、１００名を超す近隣者で超満員となり、招待所の2階が落ちないかヒヤヒヤするほどだった。『おしん』は中国でも大人気で、最高視聴率は北京で76％を記録したという。

関ケ原の戦い

日本から光中徹(みつなか)総経理ら5名を派遣し、1985年2月から昆山市の工場を稼働した。

7ヵ月後、「約100名が昼寝しサボタージュしている」と報告があり、急きょ訪問すると、材料の上で数十人が寝ていて、私を見て「いったい何もんだ?」という態度だった。直ちに、開発区の宣柄龍トップと交渉したが、解雇など不可能との一点張りだ。「契約には解雇可能とあるじゃないか」と迫ったが、押しても引いてもラチがあかなかった。

最後の手だったが、本社にいる弟の朝男専務に支援を頼んだ。しばらく出向して応援してほしい、と。辛い仕事だったが、倒産を回避するために重い腰を上げてくれた。

早速工場で板パレットを積み上げて、弟が1メートルの高さから監視し始めた。何とか昼寝は食い止められたが、キョロキョロと周囲をうかがい、熱心には働かない。全員が自転車通勤者で、自転車置き場に殺到した。みな横着して入り口のほうに止めるので、奥がガラガラになったままで、入り口で渋滞してしまう。弟は入り口の自転車に鍵をかけて宿舎に帰った。彼らは帰宅できなくなって降参し、翌朝には奥から駐車するようになった。

業績は最悪の状況で、私は毎月訪中し、開発区の宣董事長と交渉したが前進しなかった。その内に年末を迎え、大幅な赤字の決算書ができた。1月には初の董事会(取締役会)が開かれ、光中総経理と共に関ケ原の戦いに挑んだ。相手は董事長と開発区の10名ほどだった。

中国スワニー創業式にて左から光中氏、宣氏、徐氏（通訳）、私

私の要求は、「当面、経営を日本側に委ねる」「歩合給を認める」「１００名の昼寝組を解雇する」だった。前２項は２日間で決着したが、解雇で２日目の夜に暗礁に乗り上げた。

宣董事長は、「中国には中国の常識がある。解雇などとんでもない！」と机を叩いて私を怒鳴りつけた。「中国の常識は世界の非常識だというのを知らんのか！」と怒鳴り返した。全員がシーンと黙ってしまった。中国人が最も嫌う面子を徹底的に潰してしまったのだ。彼らは「しばらく別室で協議する」と怒って出て行った。

数時間後に再開した。「社長の要求は解雇１００名だが、50名にならないか」と彼らは妥協案を提示してきた。私は帳面をひっくり返した。「サボる社員は1人たりとも要らない」。議論百出し「50名と100名の中を取り、75名でどうか」ときた。その一言を私は待ち望んでいた。

ところが、1週間経っても能率は上がらないままだった。それでも忍耐し、我慢した。2週間目に入って、数人が懸命に働き出した。彼らは私が提示した歩合給によって給料が2~3割上がることを知っていながら反抗していたのだ。その内に雪崩をうって働き出し、8時出勤なのに過半数が7時に出勤して来た。それどころかトイレにも走って行くようになり、2年目には赤字を取り返すほどになった。引きずった全体主義体制の壁をぶち破って、最初の大きな難関を越えたことは確かだった。

しかし、宣董事長宅には「殺す」などと鮮血で落書きされていた。

弟・朝男の手記

当時の昆山のことを記述した朝男の手記を紹介したい。

「生まれて初めての中国で、気の重い出向だった。言葉もできず自信もなかった。光中総経理を頭越しにできないし、それをやると彼が辞めるだろう。明らかだったのは、韓国3社の内1社を閉鎖し、2社が赤字となり、中国が成功しないとスワニーは倒産するということだ。

新築の日本人宿舎では、寝ていると鼠が顔の上を歩き、起きると布団の周囲は夏虫が踏みつぶされ、黒ゴマのように横たわっていた。網戸を閉め蚊帳（かや）も吊るのだが、隙間から入ってきた。浴槽には工事中のセメントが付着し、背中の皮がかきむしられた。

会社は毎日がストライキで、誰も指示を聞かなくなっていた。右と言えば左を向き、手袋用の生地を巻いて昼寝をしていた。叱ってもゆっくりと起き上がる。午後の3時半から掃除をはじめ、ワイワイガヤガヤと5時の終了ベルを待つのである。

光中氏は早稲田の後輩だし、韓国時代から仲の良い長いつき合いだ。私が嫌われても帰国すれば済むし、徹底的に私が嫌われようと考え、あらん限り頑張った。

日曜日に、田中隆博君と三谷英信君を誘い、運河を渡って自転車で釣りに出かけた。渡ったところで女性社員の張風揖さんから昼食をすすめられ、仕方なくご馳走になった。汚い運河の水で炊いたご飯だったが、勇気をもって食べた。しかし問題なかった。帰りには野菜の束と6個の卵を、お土産にいただいた。

彼女の母親は、45歳と若くて顔立ちもよかったが、顔は真っ黒でシワだらけだった。農作業でこれほど老いるのかと、厳しい農民の境遇に涙が込みあげてきた。

運河の船賃が自転車とも6分（約2円）だった、お米５００ムグラ１・５角（約7円）、自転車２００元（約８０００円）、ＴＶ１００元（約４００００円）だ。農作物は安く工業製品が高かった」

旧満州で突破口

中国スワニーが創業し、訪中ごとに呉克銓昆山県長から招かれた。私は、「日本語科を出た大卒生を紹介してほしい」と頼み続けたが、いい返事だけで前進しなかった。光中総経理らはベルリッツ・スクールで中国語会話を特訓してきたが、充分な意思疎通には遠かった。

3年後、県長が席を外した隙に通訳曰く、「大卒なんて県職員でもたった1％の6人しかいません」と。その上、日本語科の大卒が採れたという別の地区の話も聞き出した。そこで早速その場所の、香港北の東莞市に直行した。

靴下、金型、玩具工場を訪れると、各社に日本語ができる幹部が数名いた。社長から「全国紙で募集すると、東北三省からたくさん応募してくる」と聞いた。1週間も汽車に揺られてやってくるという。黒竜江省哈爾浜(ハルビン)市の4大学に日本語科があるが、日系企業は存在しなかったからだ。

耳寄りな話にびっくりし、その足で空港に向かった。長い行列に並んで片道の切符を買い、上海経由で旧満州の哈爾浜に飛んだ。空港にはタクシーが4台しかなかった。数十人との入札に勝ち抜き、1日350元（約1万4000円）で雇って走った。オンボロタクシーの床の穴から地面が見え、ガタピシの扉は手で引っ張った。

同地域にある、哈爾浜工業大学、医科大学、科学技術大学、師範大学を飛び込みで巡回した。4校とも、「日本からの求人は初めてだ」と驚いていた。職員室で、「700元（約2万7000

円）の月給、住まいの提供など」の待遇を示した。全校で日本語学部長が首を乗り出した。周囲に聞こえないように私の耳元でささやいた。「学生もいいけど、私ではどうか」と。

哈爾浜工業大学の金学部長を食事に招き、「3年間は工場現場の見習いが必須なので」とやんわり先生の採用をお断りした。が、ありがたいことに彼は黒竜江新聞社に同行し、中国語に翻訳したB5判の求人広告を出稿することまで手伝ってくれた。

その効果は絶大で、2ヵ月以内に55名が中国スワニーに応募してきた。日時を決め、面接会場として哈爾浜の「国際ホテル」を指定した。

再訪中し、面接の結果、日中韓英の4ヵ国語が堪能な師範大学の高長峰君を採用し、ほかの面接者21名の身元調査を依頼した。約2ヵ月後、応募者の友人や知人から高君が得た、貴重な報告書が届いた。

終戦時、無数の日本人開拓民が死の逃避行を続け、次々と倒れていった現場であり、あの中国残留孤児の悲劇を生んだ旧満州。決して忘れてはいけない日本侵略の地に、今残る〝日本語熱〟とは、いったい何を物語るのだろうか……。

報告書を頼って3月に再訪。凍ったゴミの山を縫うように、工業大の黄玉賓君のアパートを訪ねた。やっと腰まで浸かれる湯船が居間にあり、土瓶一杯の湯を薄めて身体を洗うという。

師範大の張泰福君は、奥さんが代理で来訪した。彼の住居の15センチメートル厚の扉には布切れを巻きつけ、隙間風を防いでいた。わがほうの住宅の提供が、彼らの応募理由だとわかった。

そして零下30度の極寒の地で、7名をホテルに缶詰にして議論を戦わせて人物評価を続けた。結果、奥さんが来た張泰福君、科技大の孔石太君、牡丹江師範学院の金徳華君、工業大の黄玉濱君と師範大の彼の妻の5名を、最初の高君に加えて採用と決めた。

中国スワニーのある昆山駅に着いた彼らは、「すぐに横にならせてほしい」と頼み込んだ。40時間もの硬座（2等車）の旅で血が下がってしまい、座っていられなくなったという。

だが、彼らの定着は難しかった。のちに黄君が中国スワニーの総経理に就いたが、12年後に家族共々カナダに移住した。コミュニケーション力は上がったが、旧満州からの大卒生は全員退職し、中継ぎの成果しか得ることができなかった。現在は、地元の社員が育って、要職を占めている。

中国への投資ブームが続き、幹部候補たちは日系の弱電企業などに次々と転職していった。時代の流れもあったのかもしれないし、季節商品の将来性への不安があったのかもしれない——あるいは、私の経営力に不安を抱いたのだろうか？

中国に集約

中国スワニーが軌道に乗った1988年、4ヵ国語が堪能な高君を伴い、車で1時間半西の浙江省嘉善県政府に飛び込み訪問した。江蘇省との投資条件を比べる意味もあった。大歓迎されて現地の手袋工場との合弁が決まり、日本が51％を占める資本金115万ドル（約1・3億円）の「長城スワニー手袋」(GW)を設立した。

韓国工場出の朱炳守君が総経理に就任した。今の平均給与は4200元(約6万円)で、能率給が53%を占める。400名いた社員が現在は半分に減り、生地物や合皮製が年に210万双生産されて、1割近い高収益を上げ続けている。

ここで2018年の早瀬英治係長のGW報告を要約する。

「業界ではJUKIミシンなどの送り制御、糸張り、押さえ調整のデジタル化が進んでいる。しかし、GWでは今も本縫いミシンだが、それを越えてミシンと一体になった凄い速さで、小さな部品を縫いあげていく。見ていて感動を覚えた」と。

設立記念に『生きがいの探求』の中国語訳、『探求人生的意趣』を2000冊出版した。

同じ1988年、昆山市の中国スワニーの約2キロメートル南に1万平方メートル(約3千坪)を借地、日本単独で資本金135万ドルの「スワニー手袋」を設立。韓国時代の金向俊君が総経理に、哈爾浜の金徳華君が副総経理に就く。400名だった社員が2010年には半減し、生地ものや革手袋、ゴルフ手袋を作っていたが、大きい役割を果たして、閉鎖した。

1989年、地元公司との合弁で、江蘇省太倉市に「太倉スワニー」(TG)を設立。舒金柱君が総経理に就く。その後中国資本を買い取り、日本側100%出資の独資化をしたが、今、従業員は320名から170名に減り、5年後は130名を予測。年に130万双生産。

TGは、外注生産の比率が高く、革の選別を社員宅で行い、TGで縫いあげる屑革製手袋も作った。多品種少量での限界に挑戦したが、収益的には苦戦してきた。

２００６年、安徽省に「中国スワニー青陽工場」を設立した。予定の４００名が採れず、当初の１５０名から現在は１０３名で、大き過ぎる工場の償却費が重荷になっている。

経済大国に急成長しつつある中国

ここで中国の現状を伝えるレポートを紹介しよう。

最初は、中国スワニーの涂正東総経理の「スワニーニュース」から。

「２０１９年、友達夫婦が『国慶節に北京に行きませんか』と、日曜日にやってきました。昨年、会社の旅行で行ったのでと断ると、『じゃあ、私たちだけで！』と、その場で高鉄（新幹線）の座席と４泊のホテルをスマホで予約し、４８００元（約7万2千円）支払いました。

今朝、妻が8時半にスーパー『大潤発（ダールンファー）』で塩とミルクを注文し、アリペイで53元（約８００円）払うと、品物は10時半に届きました。また、ネット通販の『宝網（タオバオ）』で３８８元（約６０００円）の鍋を注文すると翌日届きました。39元（約６００円）以上の買い物は送料が無料になります。スマホで食料品や電気代、タクシー代まで払えます。

昔は、昆山から約65キロメートル東の上海まで汽車で1時間かかりましたが、今では新幹線でたった18

分です。多くの上海人が、昆山市に移住してきて毎日上海に通勤しています。

９割以上が新築アパートに住み、別の不動産をいくつも持っています。小学1年生から中学３年生までの学費が免じられ、医療費は、労働者は80％、定年者は90％を保険会社が負担してくれます。

このように、改革開放後40年が経ち、急速に発展を遂げました。日米のような経済大国に接近しつつあり、中国の発展は世界に注目されています。まだまだ発展途中ですが、未来の中国は名実共に経済大国になると思います」

反日デモのゆくえ

次はやや古く、尖閣問題で日中が荒れた２０１２年、光中総経理のスワニーニュースから。

「9月15日、昆山市中心の行きつけの『味里』近辺の、日系居酒屋、食事処、ラーメン屋などの看板を暴徒化した若者たちが次々にぶっ壊し、店内まで荒らすという前代未聞の事態が発生した。味里のママの咄嗟の機転で、入り口に中国国旗を掲げて、難を免れたようです。

市内の日系店舗は凡て休業を余儀なくされ、日本人には警察から自宅待機令が出ていて、外出を控えて息を殺して事態を静観する他ありません。隣のトヨタ店では10数台の展示車が、ボコボ

コにされ、ひっくり返されました。日系企業の社用車は中国国旗を掲げていて、30年近く中国と関わってきた日本人として非常に複雑、悔しい思いが一杯です。

石原慎太郎東京都知事が『尖閣諸島を東京都が買い取る』と発言したのが発端です。その後、彼は無言を貫いていますが、今の正直な気持ちを聞いてみたいものです。昆山税務署には、『日本人と犬は入るべからず』との看板が、9月13日から出ています。が、中国も冷静で大人の対応を望みたいものです」

中国市場の開拓

1994年には、4ヵ国語ができる高君と共に、北京、瀋陽、長春、哈爾浜を巡回した。

北京では、王府井通りの「百貨大楼」の手袋売り場で、女性バイヤーと初めて商談した。羊と豚革の紳士用と婦人用や、高級な幼児用ミトンに先方は興味を示した。「日本からの売り込みは初めてです。ご苦労さん」と言われ、日本製が注目されて約800双受注した。北京では「西栄購物中心」「寶徳購物中心」など6店舗を回った。

商品力次第で口座が開かれ、1週間ほどかけた4都市21百貨店の半数から、1万2千双受注した。売値の3割（世界は約4～6割）と粗利が低いが、問題は払わないので有名な中国だ。

北京から遼寧省瀋陽へは列車で移動した。1時間半並んで切符を買ったが、18時発はトイレにも立てない超満員。女性の車掌に10元（１６０円）つかませ、「瀋陽までだよ」と言われながら彼女の寝台を使い、23時に着いた。高級ブランドに強い「瀋陽商業城」や、サービスに定評がある「西武百貨」（香港系）など5店を回った。今も要所要所で、日本時代の官庁や商業施設が生かされていて、街全体が貴重な歴史遺産にもなっている。

次は吉林省長春だ。高君は切符売り場の長い行列にムリやり割り込み、ようやく切符をつかんで出てきた。が、乗ってみるとぎゅうぎゅう詰めの立ち席だった。人をかきわけて一等車に入った。「切符を3倍で買うので、日本人の障害者に譲ってほしい」と彼が乗客に頼み込み、５人目で何とか入手できた。やっと座れ、目的地で「百貨大楼」や「国際貿易」など5店舗を訪問した。

最後は、長春から北３００キロメートルの４度目の哈爾浜だ。高君が喧嘩腰で一団に割り込み座席を確保した。「華聯商厦」と「秋林百貨店」など5店舗を回った。当時は盛況を極めていた百貨店だが、近年は北京と同様に通販の「淘宝（タオバオ）」や「小米（シャオミー）」に押されて大苦境に陥っているという。

帝政ロシアによるモダンな街並み、石畳やロシア正教会の尖塔、アカシア並木で「東洋のパリ」と言われた都市だ。日本とのかかわりで言えば、伊藤博文が哈爾浜駅で暗殺され、また戦争中は、７３１部隊が残酷な人体実験を行ったところでもある。

さて、ここで私は駅弁に悩まされた。２・５元（約40円）だが、ピーマンの煮込みが酸味をおびていて怪しい。ご飯の上に南京豆20粒ほどと、スルメの粉をふりかけてあった。砂を噛みながらこわごわ食べた。当時は、まだ石をはじく精米機がなかったようで、３個も小石が出てきた。

中国スワニーに派遣した田中隆博君は、石で前歯を折ったという。

結果、小売り店の粗利は、前述のように西側諸国の半分の上に委託なので、相当厳しい市場だと言える。日本の5分の1の人件費などから、中国のメーカーに勝てない上に、集金が難しい事情もあるので、2回巡回してみて、中国での国内販売はやめることにした。

東南アジアへ進出

発展する中国では人の確保が難しく、2011年に、ベトナムのホーチンミンから車で2時間のカンボジアのタイセン・バベット工業団地に「スワニーカンボジア」を設立した。300万ドル(約3億円)投資し、300名で生地物などの手袋の生産を始めた。

59%が能率給で平均月収192ドル(約2万円)に残業と皆勤手当、交通費などを支給している。能率給が固定月収を超す社員が、中国の9割に比べて1割という低さがネックだ。初代は今瀧作治社長で、奥代恭史社長が引き継いでいる。

カンボジアは、西はタイ、東はベトナム、北をラオスに囲まれている。日本の本州の約8割の面積に1500万人が住み、言語は世界でも最も難しいと言われるクメール語だ。

近隣ごとにトラックを配車しての通勤、至難な言葉、よそより2割は低い生産性、ベトナムを経由した材料調達、移動時間やそのコスト高などから、8年かけてやっと収支トントンになった。

しかし、このコロナ禍にもかかわらず、生産性が伸びてきたのが僥倖だ。遅れた部門だけで残業して流れを良くしようとしても、近隣地区の車1台分の全員を運ぶ必要があり、難しい。発音や文法がことのほか難解で、派遣した駐在員も手を焼き、本社で現地社員に日本語を学ばせている会社が多いほどだ。数字でも1～5までは我々同様だが、6は5＋1、7は5＋2という数え方にも戸惑い、年間23日もある祭日などが生産性を阻んでいる。

一時、ポル・ポト政権の狂暴政治による飢餓や拷問などで約300万人が犠牲になった。その後訪れた平和で、ハンディーを抱えつつも経済再生と自立を目指している。

一方、台湾の「ウェルマート社」のベトナム工場に、50万ドル出資した。生地物、合成皮革、本革のスキー用などを生産中。社員数は430人で、平均月収は約300ドル（約3万円）だが、その割合によって能率手当が加算される。祭日は旧正月の休みを除いて年間5日と少なく、手先が器用で勤勉な国民性から、品質も上位グループに入る。奥村健二課長代理を派遣して生産や品質管理にあたっている。

若年労働者が豊富で日本への輸送が2週間以内のインドネシアでも外注し、ゴルフ、バッティング、フィッシング用や、スキー手袋を生産している。

6 突破、突破

若手に任せて育てる

１９７９年に早大を卒業した光中徹君を、幹部候補生として韓国スワニーに3年半送り込んだのち、ハワイの「富士通」の人材教育機関「JAMES」に半年間派遣。その後、中国スワニーの初代総経理に27歳で就任した。中国スワニーの好調ぶりからも、奮闘ぶりがおわかりいただけるだろう。４００名の大所帯を動かすのは、それなりの試練を越えてきての今があればこそ。

１９８８年、私は上海に近い浙江省嘉善県に「長城スワニー」を設立した。その翌年、光中総経理は昆山市の幹部たちと交渉し、同省初の日本出資１００％の独資企業「スワニー手袋」を立ち上げた。同社は私が調印しただけで誕生した。そして、翌年の90年、上海に近い江蘇省太倉県に「太倉スワニー」を設立し、光中君が私の代理で署名した。

彼は中国4社の材料、人事、経営管理を担い、転じて２０１５年からはカンボジアに常駐する。長城スワニーの朱炳守君の総経理就任は35歳だったし、太倉スワニーでは33歳だった舒金柱君が総経理に就任した。スワニーアメリカでは、長谷川勇君が27歳で社長に就任している。

このように、一般企業ではありえない青年たちが、子会社の経営を担ってきた。それだけ危険とも言える反面で、若くてもポストに就けば人間の総合力は備わってくると思うようになった。

結果的に、スワニーでは若手を起用することで人材が育ってきたが、実際には、若手に任さないと誰もいなかったのだ。

後継者たち

1992年、末娘の優子(やすこ)がボーイフレンドを連れて来た。勤めていた高松の「中商事」で知りあった板野司君だ。恋愛には親も口出しできないと思い、ヨシ子共々「お願いします」と頭を下げた。

中商事では、呉服知識の習得に取りくみ、数年後から営業経験を積んだ。井原西鶴の言葉「算用、才覚、始末」に加えて「根性」が大切だと習ったという。

その後、度々面会し、商売熱心で市場も的確に把握できていると感じることが多かったことから、後継者候補としてスワニー入社を誘った。1993年に入社し中国スワニーへ、翌年ファッション事業部へ、2000年同係長、2004年同部長、2007年常務取締役ファッション事業部長。2009年に代表取締役社長に就任した。こうしてバトンは後継に渡った。

2009年、首脳交代（左から4人目が私、5人目が板野社長、右から6人目が川北常務）

会社の進撃は続く。２０１９年、アメリカンテイストで高級カジュアル手袋を開発し、パリの展示会「ＴＨＥ　ＭＡＮ」で、わがブースだけが際立って賑わった。欧州の百貨店バイヤーから「この手袋、とてもいい！」と称賛され、日本のデパートにも好評で伸びつつある。

未来を決する採用活動では、入社5年目の上田芙美さんがリーダーとなり、平均年齢30歳の6名の採用チームで学生に寄り添う。社員ととことん話しあって学生に「スワニーの奥まで」見せ、ワクワク体験を提供している。その成果は大きい。

推進中の貢献度重視の「人事評価制度」、有給休暇取得時に5万円支給する「リフレッシュ休暇制度」、けいおん、ゴルフ、釣りなどの12の同好会支援。ウェブ英会話、パソコン、簿記などの「自己啓発支援制度」などなど。

人材を育て個人と組織の価値観を繋ぎ、仕事を通じて「自己の成長と人生の成功」を目指している。しかし、本物の顧客満足を得るのは、全社員のやる気であることは言うまでもない。

後工程はお客様

「後工程はお客様」とは、「次の工程のために働く」という意味だ。次の人のために「トイレは汚さず、周辺をきちんと拭いて出る」にも通じる。これは世界中で営業をしてきた私にとって、顧客との交渉時に、次の工程を考えながら決断することを意味した。

昔、エイボン・グローブ社のミルトンから値下げを要求されたときのことである。私は、１ダースにＳ２双、Ｍ４双、Ｌ４双、ＸＬ２双だったものを、Ｍ６双、ＸＬ６双に変えてもらい、約１％の値下げに応じた。その組み合わせは長期で認められ、材料の使用量が少々増えた以上に、長年にわたり生産性を高めたことで成果を上げてきた。

手袋を生産する際の注意点は、新しい生地の伸び具合や飾りの難度や生地のつなぎ方だ。手口周囲の縫い方、ゴムつけの伸び具合、立体構造などなどだ。私が受注の獲得と同じくらい気を使ったのは、生産性がどうかを吟味しつつ受注してきたことだ。

中国スワニーでの苦戦は、「Ｍ社」の６９１双の製造だ。一双に６個のカシメをうち、甲側プリントが外れないよう丁寧に縫うために能率が３分の１に落ちてしまったのである。

長城スワニーでは、「F社」の3～4万双の合皮製が苦戦。30種あって5色で5サイズ。1種は17個の金型が必要で、低価格なのに品質要求が高く、下請けからも敬遠された。しかも値札、サイズタグ、材料表示や品質表示が必要だった。

太倉スワニーが苦戦したのは、毎年10万双作った屑革製の手袋だ。脂肪、色、サイズをより分け、左右を色合わせし、裁断数が3分の1に落ちた。硬い革は金槌で叩きながら縫った。今では考えられないが、赤字を回避するために、手作業は社員宅でただ働きしてもらったという。

実は顧客との交渉時に、儲かるか苦戦するかが100％決まる。生地の伸び具合は千差万別だし、飾りの縫い方など、ちょっとした判断ミスで工場は大混乱する。重ねて、多岐にわたる「コンプライアンス（法令順守）」も年々厳しく要求されている。

工場では、心臓が止まるような珍事が頻発しているが、大半は受注時の決め事に起因するものだ。工場は、上司にあたる営業には本音がなかなか言えない。

奥さんを介助するために、2004年に若くして退職した岩澤廣義常務が、「工場の困難を本社社員がよく理解していない」と述べたことを、しっかりと記憶し続けたいものだ。

水泳250メートルが日課

サンフランシスコの「ドフマン社」との取り引きを始めた頃だ。空港内のホテルでは、時差の影響で寝つけなかった。夜中に起こされないよう、毛布で電話機を巻いて寝たのも束の間、誰かがドアをドンドンと叩くではないか。そこには「もう朝の10時だよ」と言うハイマン社長がいた。彼からは「小児麻痺のリハビリには水泳が一番だ」と力説され、強烈に頭に残っていた。

イタリアのキオディ氏も、ハイマン氏と同じことを言うので、帰国後、裏の海で泳ぎ始めた。約２メートル高の堤防に、50メートルごとに白ペンキで印をつけ、５月から11月まで、海岸に沿って西に１５０メートル泳いでは引き返した。水泳後の爽快さは何にも例えられなかった。

５月の海は氷のように冷たかったが、体力向上のために耐えられた。段々と温度が上がり、９月が最も温かく、10月も信じられないほど温かかった。また11月の方が５月より温かいことも知った。しかし、海での水泳には危険もあった。私は右足が弱いためにクロールしかできない。前を見ずに泳いでいて、漂流していた釘を打ちつけた大木にぶつかり、腕の付根に大怪我をしてしまった。

安全のために１５０万円かけて、元工場跡地だった拙宅の南のガラス張りの温室の中に、幅１・５メートル、深さ１メートル、長さ12・５メートルの縦長のプールを作った。そこで毎朝７時から10往復して２５０メートル泳いだ。泳ぐのは15分だったが、整髪して服を着ると30分かかった。

14年間泳ぎ続けたあと、「西式健康体操」に変えた。その間、60回往復する１５００メートルに３回挑戦した。体力の限界に挑み、青息吐息というのを経験した。泳いだあとはしばらく横になって、体力の回復を待たねばならなかった。そうして、障害を乗り越えた懸命の努力もあって、ポストポリオ症候群に罹りながらも、左右のスワニーバッグに支えられ、念願だった80歳まで歩けている。いつまで歩けるかわからないが、人並み以上の腕力に感謝の日々だ。

昔、ロサンゼルス全米選手権（1949年）で、「フジヤマのトビウオ」で名を馳せた古橋広之進は、1500メートルを18分19秒で泳いだ。1時間半かかった私の約5倍の速さだ。弱い右足が速く泳げない原因だが、私の強い腕力がどれだけ助けてくれたことか。

倒産の嵐

私が青二才の頃だ。顧客だった市場商事が倒産して数百万円引っかかり、拙宅で約20名の債権者会議が行われたことがある。最大の債権者だったH社長が、市場社長の前に日本刀をドーンと置いた。「これで死ね！」と。大粒の涙を流しつつ頭をすりつけた命乞いに、私は震えあがった。本当に金玉が縮んでしまった。倒産ほど経営者にとって辛いことはない。

工場が韓国に移ってしまった1975年、スワニーは日本での仕事を模索していた。商社の「ニチメン」に、ブームだったボーリング事業を提案された。父が社長の時代だったが、徳島県脇町で約1500坪の土地を買い、3億円超を投資してボーリング場「スワニー脇町」がオープンした。

連日の満員御礼に有頂天となり、隣の大内町で2つ目に手を出してしまった。たちまち閑古鳥が鳴きはじめたが、幸に収支トントンでスーパーに売却できた。

「スワニー脇町」も、いろいろあったが結局地元のスーパーに売却できた。一歩間違えば、クワバラ、クワバラの世界だった。

長兄の教えだが「隣地必買」といい、「本業の隣りなら、成功の可能性が高い」。それなのに、分野の違う事業に手を出してしまったのだが、幸いに命取りにならずに済んだ。

1997年、顧客のS物産が和議を申請し、T手袋、S社、U社などの手袋メーカーが次々と倒産して、わが社も私の優柔不断から3億円近い負債を被った。その前後は業界に倒産の嵐が吹き荒れ、約半数が消えていった。

2004年、スワニーブランドのスキー手袋を販売するために、「スワニーヨーロッパ」を設立した。現地人任せに問題があったのか、2億円近い赤字を出して2011年に撤退した。計画や見通しが甘かったと言わざるを得ない。

スワニーバッグについては詳細を後述するが、これが日本で売れ始めた2003年、米国で販売を開始した。椅子付きというスタイルが注目されてNYタイムズの記事になり、テレビショップの「QVC」にも採用された。が、クルクル回すだけで、本命の「支える機能」が伝わらなかった。100万ドル（約1億円）の欠損を出して2013年に撤退した。足の弱い人たちに、「体を支えるカバン文化」を定着させられなかった結果と言える。

取引先のボストンのグラント氏から、「NYタイムズで、バッグとあなたが登場したのに仰天した」と、お祝い状が届いていたのに……悔やんでも悔やんでも、悔やみきれない。

「失敗が50％に、成功が50％が普通だ。51％を越えるよう頑張るのが経営者だ」と、述べたのは「スズキ」の鈴木修会長だ。

２３０社あった手袋メーカーの中、これだけ失敗を重ねてきたスワニーが、60数社の中に生き残れたことが不思議だ。

休日は絵葉書を

私は酒が飲めないので、付き合いが悪いと言われている。弱点をカバーするために、若い頃から葉書書きに取り組んできた。船井幸雄氏の経営セミナーで、「葉書を3回書けば、必ず口座が取れる」と聞き、「成果を保証する」とまで断言されていたからだ。

私は閑散期の工場を回すために、毎年7月一杯はニューヨークに滞在してきた。土日には鉢巻きをする意気込みで葉書を書き始め、午前中に50枚、昼から50枚書いたものだ。いつも夕刻には右手が痛み出したほどだ。

値段が安いのは10～20枚綴りの絵葉書だ。ポーランドでは、店の在庫を２０００枚買い占めても８０００円だった。カンボジアでは1枚約3円だったので、数千枚買った。航空会社の葉書は50枚１００枚と貰っておく。それらをニューヨーク、トロント、ヘルシンキから出す。だいたい年に６００枚は書いてきただろうか。80歳を過ぎてからは１００枚に減っているが。

友人から、「えっちゃんは金持ちだから」と、誤解されたことが残念だ。先方のことを最低限でも知らないと書けないし、労を惜しまぬ姿勢がないと続かない。仮に1枚100円としても日に1万円だ。私のレジャーは「読み聞かせ読書」と「葉書書き」だが、ゴルフ、ギャンブルなどや夜の遊興費と比較すれば、ほんのはした金に過ぎない。

1995年、西隣の4軒と会社の間に約1メートル幅の国有地があった。2軒以上との交渉は至難だといわれる中、中国やドイツから絵葉書を書いては訪問し、8ヵ月後に全員の了解を取りつけた。財務局の担当にも何度となく葉書を書き、数ヵ月で買収許可が下りた。不動産屋から、「財務局に知り合いでもいるの?」と言われたものだ。

「三好社長からの絵葉書をドイツから頂戴しました。感謝していました、とお伝えください」と、枚挙に暇がないほどの反応があった。

スワニーバッグのアンケート葉書に対しても、頻繁に礼状を書いている。先方は私からの葉書に驚いて、返事をいただける。そのうちに、「上京したらぜひご馳走したい」と招待されることも何度かあった。それも女性からばかりで、嬉しい悲鳴である。

香川県立白鳥病院の入院患者への葉書は、大勢に回し読みされていた。友人の友人から、「三好君の葉書を読んだよ!」と反応があったほどだ。大勢に喜んでもらえ、感謝の輪が広がるのは嬉しい。だが、同級生から「読めない字は書かないように」との忠告も届いた。

JALの乗務員からの返信もあった。

「香港便で見慣れないバッグに気づき、お声をかけました。まだ1年そこそこの新米です。新年早々に嬉しい便りをいただき、気持ちを新たにしました。また、いつかどこかでぜひお逢いできたらと願っています。お元気で！　かしこ」

何でも効率重視のデジタルな時代だからこそ、ときに、こうしたアナログの通信手段に人は温かみを求めているのではないだろうか？

単純化、専門化、標準化

ものづくりとは、「一地点から別地点への移動の総和」と言われ、物流の合理化が生命線だ。社内でB5やA4紙が混在していた1970年代、当時の岩澤廣義取締役から、「ホンダがA4に統一した」と聞き、わが社もすべての書類をA4に変えた。

韓国に進出した1972年、20双入りの高く積める樹脂製「ボックス」を量産し、積み上げられない50～60双毎の紐くくりから脱却した。パレット上にボックス3個×4個を5段に積み、手動パレッターで持ち上げると、一人で1200双運べた。カートン入り資材はパレットに載せ、反物は幅1×高さ1・3×奥行1・5メートルのコンテナに保管した。

また、傾斜したローラーコンベアーの上段に、引力によって部品入りのボックスを後ろに流し、縫製員に取ってもらう。縫い終わると下段に載せてもらい流れてゆく。マチ付け、縫い回しなど

6工程の分業方式だ。数年かかる技術が、１工程に専念できるので、数ヵ月で一人前に育った。韓国の3社で１２００名を養成してきた方式は、早朝の夢から生まれたものだ。

１９８２年、材料や製品が約2分で出し入れできる自動倉庫を建てた。パレットが東西に4列で32個並び、7段積みの８９６個が収納できる。が、２００２年、「目視できないと在庫が減らせない」と、顧問だったＳＨＯＥＩの山田勝前社長から指摘された。未解決の重要課題だ。

１９８５年、国際基準で数万色が番号表記できる、アメリカの「パントンカラー」を採用し、表、裏、糸、タグなどの色を番号表記できるようになった。大問題の一つが解決した。

２００８年、樹脂製の30穴のＡ４ファイルが製造中止となり、2穴式に変更した。が、経営会議で「何倍も使いやすいのに」と、反対されたので再検討した。

2穴の用紙を綴じて外すのに50秒かかったが、30穴は26秒だった。2穴だと膨れ上がる書類を押さえつつ、読み書きしなければならない。また、30穴用紙の穴は端から１センチメートル以内にあり、タイプ面積が2割も広い。そんな30穴ファイルが数千個流通していたので、元に戻した。

後継者の板野司社長は、２０２０年には「ファイリングシステム」を導入中だ。用紙は綴じずに小箱に入れるので、効率化と環境改善が進むという。私物化が防げ、検索時間や枚数を減らすなど、7種の合理化を目指している。成果が出ればグループでも導入する。

何事も単純化、専門化、標準化するのが、生き残りの条件だ。

サポーターで歩行補助

私は生後6ヵ月から、右の足首がフラフラしたために、長時間歩けなかった。中学生になって運動量が増えたために、医師からアドバイスをもらい、膝下から指のつけ根までのサポーターを被せて、楽に歩けるようになった。10年毎に新調しなければならないが、6〜7万円もかかる高価な装具で、国から9割の補助がある。

鉄の支柱入りの樹脂製ベースに、合成皮革で内装された牛革張りの外装だ。高松義肢製作所で、難産をくり返してできたものだ。内面が1ミリメートルでも肌に沿わないと、痛くて皮がむけたり炎症を起こして苦しんだ。微調整を繰り返して、やっと満足できるものになった。

私の青年時代からの技師で、製作者の辻本敏次さんが恩人だ。足の癖を熟知しないと満足のいくものができないので、担当はずっと変わらなかった。

右足だけに薄い靴下をはいて装具をかぶせ、上に左右揃った靴下を履いている。金属が付いているため、毎回搭乗口での検査に引っかかったが、金属の補強がその後なくなり解消された。しかし、圧迫感から逃れられないのは、とても辛いものだ。

身障者の出張法1

私は、出張する際は大抵一番機に乗るので、6時にはトヨタのプリウスで徳島阿波おどり空港に向かう。海外なら朝の5時に出て、高松自動車道の大内バス停から関空へ。朝早いのは辛いが、よく同業の手袋屋さんに会うこともあり、貴重な情報交換の場ともなった。

デトロイトのKマート本社に、朝7時半に伺ったことがある。広大な玄関前は静まり返っていた。ちょっと早過ぎるかなぁと思いながら扉を押すと「グッモーニング」と笑顔で迎えられた。数千人の社員はすでに仕事中だったのだ。仕事は夕方4時半には終わるという。

大部分の欧州や米国間は土日に飛び、月~金曜日まで営業を続けて、2週間か3週間後に帰国した。2週間だと約35万円かかり、10日間に20社回って1社あたり1万8000円だ。10社しか回れないと3万5000円となり、給料を足せばそれぞれ倍のコストになる。

あるときテレビを見ていたら、東急ハンズのバイヤーが登場し、海外出張では毎日平均4・2件も回るという。1週5日間に20社以上を回るとは恐れいった。

スワニーバッグの開発に賭けた1996年から、毎月台北や上海に飛んだ。鞄や部品メーカーと空港の食堂で1時間半ほど商談して、とんぼ返りを繰り返した。帰国の機内で、「朝も乗っておられましたね。ごくろうさまです」とJALの乗務員から労われたものだ。夜9時過ぎに帰宅し、移動中が読書の時間となった。持ち物は次のとおりだ。

カミソリ、歯ブラシ、櫛、３・５センチメートル径の樹脂製瓶入りの整髪剤とオロナイン軟膏、石鹸、裁縫セットや印鑑が、18×13センチメートルの袋に入っている。薬は持たない。それらが今もスワニーバッグに鎮座し、日々私と共に散歩している。拙宅では財布も入れて宅配人も待たせない。

本を4~5冊、衣服、小物袋を風呂敷に包み、ＮＹ製の75ミリメートル車輪付きのトランクの底に敷く。その上に１００~１５０種の手袋の片手見本を並べ、約20キログラムほどの重量になる。空港から顧客の元に直行することが多く、風呂敷が自在の金隠し役だ。風呂敷文化さまさまである。

濃紺の背広は着たきりスズメ、ネクタイとワイシャツは1枚ずつ、靴下1足の予備を入れ、下着は毎晩風呂で体と一緒に洗ってしまう。バスタオルに巻いて絞ると朝には乾いているからだ。ほんのたまに半乾きのときもあるが、気づかないほど短時間に体温で乾く。

あるとき、工事中のアスファルトが跳ねて、余分が1枚しかないワイシャツにこびりついてしまった。ホテルに戻り、必死になり10分ほど吸い込んでは吐き出した。ほぼ完ぺきに綺麗になり、胸をなでおろした……。

困ったのは、国によって違う電圧とソケットだった。英、独、仏、伊製を買って帰り、コードを付けて20年も持ち歩いたが、１９９０年頃から超小型の汎用ソケットが出回るようになった。

身障者の出張法2

1987年、スワニーアメリカの営業マンだった、ブルースとNaomiさんの結婚式には、アタッシュケースだけで渡米した。トム副社長から、「三好社長は次回から、持ち物は全部ポケットに入れて来られます」と紹介され、全員がドッと笑った。

私はトランクを押してホテルの部屋を出たら、朝食後に部屋に帰らず、そのまま顧客の元に向かうことが多い。最初のアポイントメントを朝一にできるかどうかで、その日の訪問数が決まるからだ。父の言う、「受注量は商談時間に比例する」だ。足の負担が減るのも特典である。

街では、一番近い人に道を聞いてから動き出す。誰かを帯同すると健常者の無駄歩きがいかに多いかを知る。余裕を持つために、顧客に近い店で昼食を済ませて商談する。

中華なら魚と野菜の焼き飯、マクドナルドだとフィッシュサンドとオレンジジュースだ。北米で旨いのが「トロピカーナ」のグレープフルーツジュースだ。アイスクリームも旨い。顧客が少々遠いと、マクドナルドで昼食を買い込み、タクシーで食べる。

飛行機は、父母を見習ってエコノミー派だ。温暖化にも配慮し、決算にも優しい。

エコノミーを推奨するのは「日本を美しくする会」を立ちあげ、「トイレの掃除運動」を世界に広げた「イエローハット」の創業者・鍵山秀三郎さんだ。

彼がJAL幹部の講演を聞いたときの話だが、ファーストクラスだと何万円のワインを出しても「旨いキャビアをくれ」と言われ、数万円の缶詰を空ければ採算が悪く、エコノミーがドル箱だという。

１９９７年、横浜で「第92回世界エスペラント大会」が開かれたときのことである。会場だったホテルで「１週間滞在します。シーツは替えないで結構です」とメモを残した。これも鍵山さんの教えだった。夕刻帰るとメイドさんが床に正座し、「シーツの配慮、感謝しています。ありがとうございました」と深々と頭を下げられた。「ああ！　床に座らなくても！」と思わずこちらが感涙してしまった。

鍵山さんの教えに倣い、ホテルや飛行機のトイレでは、ティシュで周辺を拭いて出る。塵や時に髪の毛まで拾う。高速のターミナルや駅などでも、「後工程はお客様」を守っている。ホテルのカミソリ、洗顔クリーム、整髪剤などは使わない。石鹸が無くなったときだけ拝借する。

スワニーの出張費規定は、社員も社長も一律で食事費として１回１５００円だ。交通費は実費精算していて、車の経費は1キロあたり20円を請求する。

脱・睡眠薬

人には時差で苦しむ大勢と、少数の全く平気な人種がある。残念ながら、私は前者だ。後者は機内でもグウグウ眠れて、時差を超えた夜もスヤスヤ眠る。まったく羨ましい限りだ。

昔、ドイツのフランクフルトでの夜、眠れず悩んだ挙句、飲めない私が朝方になってダブルでウイスキーを飲み、酔っぱらって寝た。朝になっても酔いがさめず、タクシーを止めて道端で吐いた。恥じながらバイヤーと会うしかなかった。ニューヨークのお客からも「お酒の匂いがするよ」と、たしなめられたことがあった。あれもこれも、時差のなせる失敗だった。

欧米に飛んだ夜は1時間ごとに目が覚め、体調を狂わせてしまう。苦しみは数日間続き、やっと慣れた頃に帰国する。そしてまた日本で眠れない夜。そのうち大陸間を飛ぶときは、睡眠薬に頼るようになっていった。60歳を過ぎてからさらに悪化して、次第に2ヵ所の医者から薬をもらって、2人分飲む重症患者になってしまった。

2019年2月から、3倍服用しても寝られなくなり、怖くなって「睡眠薬から脱出する」と決意した。一睡もできない「ながーいながーい」夜を5日間も我慢し、あげく朝方にはブルブルと顎が震え、夜が明けるまでの2日間1~2時間歯ぎしりが続いた。その後、ほんの軽い眠りにつけるようになり、便秘も続いたが半分ほど眠り出した。

うとうと寝も数週間で元に戻り、また眠れぬ夜が数日続き、再びうとうと寝の数週間を我慢した。そんな苦しみを半年間くり返して、やっとのことで完全に薬から開放された。

その間、1~2時間眠って目が覚めたら、約30分の西式健康体操をして、また横になった。肩こりに効くこの体操を知らなかったら、恐ろしい。それほど、この体操に救われた。

記録の効能

私は以前から、出来事を克明に記録してきた。１つは出張ごとの幹部たちへの報告書で、２つ目は手帳への記入だ。が、相談役に降りた２０１８年、ごっそり資料を拙宅に運んだつもりが、出張報告だけが抜けていた。いつ誰と会い、何を話したか以外に、私の考え方まで書き残した記録だ。よってこの本は、手帳だけが頼りだ。

半世紀間に及ぶ手帳の記録だが、一行で左端に葉書を出した相手名、その右に要点を記録。そして、頂戴した返信内容は一行で左端に、その右に氏名を書く。

面会者との着席順を図で示す。会話の要点も。これで顔が思いだせる。また、心に残った言葉とその日付も記録する。スワニーニュース執筆者と、要点も１行にまとめる。

これまで出張報告と手帳の内容は、外部への出稿にも活かせてきた。新聞や雑誌への投稿は数多く、ほとんどが手帳から生まれたものだ。

１９６６年、ニューヨークから列車でグラバースビルに向かっていて、ドーンとダンプと衝突。通路に投げ出されただけで、幸い怪我もなかったことが記録されている。

１９７０年には、ドイツの百貨店「カールスタット」でエスカレーターに後ろ向きに乗って店内を写していたら、上りきってスッテンコロリンと投げだされ、大勢に笑われた。

１９８０年には、フロリダでジャック・ニクラウスに遇い、２０１１年にはＮＨＫの『ルソンの壺』の撮影で、阪神タイガースの赤星憲広選手が来訪したことも。

２０１２年の手帳には、プノンペンでの「スワニーカンボジア」の創業記念の模様。来賓が席順に記録されていた。

２０２０年に手帳を再読中、昔「動物愛護かがわ」の副会長のとき、２００名もの署名を集めた山本倫子さんを失望させたとあった。絵葉書で謝ったところ、長文で、「今の保護活動や、近況報告」が届いた。

関係が改善できてから、あの世に旅立てる。ありがたい。

伝える技術を磨く

私の学びの本は、ＧＥ会長のＪ・ウェルチが書いた『ウェルチの「伝える技術」』だ。彼は１９８０年から20年間ＧＥに君臨し、時価総額を40倍に増やした伝説の経営者だ。彼は「事業の選択と集中」と「伝える技術を磨く」を、経営の中心課題に据えたという。

前者だが、手袋事業に関して大いに同感するところだ。

後者では「4回、5回と削れ」「難解な文字、専門用語を除けたか」「もっと短くできないか」を「徹底的に問え」と教えられ、伝達表現について大いに役に立った。さすが世界最大の「ゼネラル・エレクトリック」を「ＧＥ」に縮めた人だ。

「簡潔にわかりやすく」との力説は、私にとってこれほど耳の痛い、難しいことはない。

一時期、頼まれて市の観光協会の理事長になり、毎年「世界の人形展」を開いてきた。出展国

を説明するパネルは当初、細かい字で5～6行書いて、殆ど読まれなかった。そこで翌年から、1センチの大きい文字に替え、2行に縮めた。例えば小国「ベリーズ」の説明だ。

「英語を喋る中央アメリカの北東にあって、四国よりやや大きく、人口31万人、年収80万円、珊瑚礁に囲まれた『カリブ海の宝石』。450の離れ島とともにリゾート地として有名」とした。結果、「国々のことがよくわかるようになった」と評価いただくようになった。

講話での伝え方では、「どんなに難しい事柄でも、10分で説得できる」との教えに従い、後半で述べるポーランド議会という千載一遇の機会で、彼の教えに救われた。

数年前、琴平での「中国・四国エスペラント大会」で、前任者の話が15分もずれ込んだ。1時間に及ぶ練り上げた内容を削るのに四苦八苦し、数度言葉が続かなかったが、「終了時刻を守れ」というウェルチの教えに準じることができ、胸をなでおろした。

グラフ用紙が「智」の源泉

私は長年、グラフ用紙を綴じたA4の30穴バインダーを持ち歩き、どこでも懸案事項の製図に励んできた。スワニーが脱・手袋の端緒を掴んだバッグ、車いすの開発でもグラフ用紙が活躍した。そのことは第2章に譲るが、海外工場の建設も、またグラフ用紙の出番だった。

2008年、日本、韓国、中国工場での経験を活かし、新設の「スワニーカンボジア」工場の設計に1週間没頭した。三原則は、「骨組み構造・給排水・デザイン性」である。さらに、「採光性・断熱性・気密性」を配慮し、「明るく人が動きやすい設計」が目標となる。

スワニーカンボジアは、108×40メートルの工場、24×10メートルの事務所、24×15メートルの平屋食堂、16×8メートルの2階建て宿舎（64平方メートル×4戸）だが、驚いたのは平屋工場の高さが2階分の6メートル以上を要求されたことだ。熱を上にあげて作業場を涼しくするためだった。

2つの三原則を踏まえ、倉庫→裁断→縫製順に思案を続けたが、諸外国の数倍する電力料のために、空調でつまずいた。現場で数年かけて試行錯誤し、地下水を流した熱交換器の前から、12台の大型送風機で空気を循環させる方式となった。湿気でカビが生えやすいのが難点だ。すべてはグラフ用紙に書いては消しの作業だった。

工場建設で大失敗もしてきた。韓国で亜細亜スワニーが完工すると、事務所の入り口に5センチメートルもの段差ができていて大苦戦した。カンボジアでは工場と事務所の間に、15センチメートルも突出した部分があって驚いた。工夫して平たくしたが、施工管理の大切さが身に沁みた。

工場の設計、バッグ、車いすなどなど、私の仕事は多岐にわたったが、グラフ用紙が「智」の源泉だ。まずは図案で描き込みベッドに入る。すると、アイデアが早暁の夢に現れることがよくあった。

7 誰もが師匠

飛行機に学び

古い話になる。１９８０年半ばまでの約20年間、世界で超音速飛行できた旅客機は、ダグラスＤＣ—８型かボーイング７０７型だった。巡航速度は時速８７０キロメートルだが、私が初渡航した３年前の１９６１年、最速マッハ１（時速１２２５キロメートル）を少し超えた。

通路の左右に3席ずつ振り分けられ、１番後ろは乗務員の仮眠用に空けていた。ベルト着用のサインが消えるとガラガラだった後ろに移った。３席が得られる確率は7〜8割あった。２つの肘掛けを倒して仰向けになり、中央のベルトで体を固定し、余分のベルトで片方の腕を支えた。少々窮屈だったが寝台車のごとく、横になって大陸が横断できていたものだ。

羽田からニューヨークへはＪＡＬ００５便で、帰りが００６便だった。頻繁に飛んだ70〜80年代、顔見知りの客室乗務員から「内緒にしてね！」と、ファーストクラス客用の硯をいただいたことも。4〜5人いた彼女たちは羽田からアラスカのアンカレッジに飛んで1泊、翌日ニューヨークへ飛んで泊まり、翌々日にアンカレッジに戻って1泊し、4泊後が帰国日だった。

60年代後半だった。フランクフルトからニューヨークまでの707型機が、約3時間後、海面すれすれに降りてしまった。「大丈夫！　4つのエンジン中3つが動いているから」と、隣の人から聞いて仰天した。機はアイスランドに不時着し、6時間かけて修理できた。

マレーシアのクアラルンプール空港の食堂で、私の乗る飛行機のパイロットの家族と相席で昼食をとった。その際「後で機長室に招待します」と言われ、離陸直後に実行してくれた。ボルネオ島のコタキナバルに着陸し、さらに、マニラまでコックピットからの絶景を満喫――そんなことができた時代だった。

70年代に「ゲイツ社」の社長のご子息と、羽田からアラビア航空でマニラに飛んだとき、台風に巻き込まれて揺れ始めた。バッグや持ち物が飛び出し、ドタンバタンと周辺に落ち、機体はバリバリと音を立てる。女性たちが「キャー！　助けて！」と叫んだ。

隣の席の人はお経を唱え出した。揺れが収まるまでの約1時間、私は繰り返し、大本の「天津祝詞」を唱え続けた。

「まだ早いです！　娘の文子（あやこ）や雅子、優子（やすこ）のために生かしてください」

ヨシ子や会社のことは浮かばなかった。まだ子供たちが小さかったこともあるが、人間、いざとなれば子供のことだけになるようだ。マニラ空港に着地と同時に、拍手がわき起こった。

80年代後半にカナダのモントリオールからフィンランドのヘルシンキに飛んだとき、夜行便の

「フィンエアー」に乗り込むと、5席目から向こうは壁で仕切られていて、乗客はわずか30名だった。座席の背もたれを倒し、その上に貨物を満載した貨客混載便だったのだ。

日米100回、日欧50回、日韓150回、日中300回と、地球を150周。

「エネルギーを多用する航空機に乗るな」という、環境活動家のグレタ・トゥーンベリさんに顔向けできない。

ホテルに学び

1970年代の恥ずかしい話だ。

ドイツはデュッセルドルフのホテルの5階の部屋で、私はコーラを飲んでいた。何気なく窓を開けて窓枠に瓶を置いた。次の瞬間、その瓶が倒れ「アッ」と叫んだが遅かった。路上の男女の間のベンツの後部に「ガーン」と落ちた。驚愕して、毛布を被って寝た振りをしてしまった。

すぐにホテルマンと男性が入ってきた。「コーラを投げなかったか?」と尋ねられ、すぐに謝れば良かったのに、「寝ていたので知りません!」と、ごまかしてしまった。

彼らはいったん出て行ったが再び戻って来て、「君以外に犯人はいない」と徹底的に絞られ、約5万円払って一件落着した。「嘘は泥棒のはじまり」が身にしみた。

1971年、ソウルは明洞のロイヤルホテルから外を見ると、近くの22階の「大然閣ホテル」

からモクモクと煙が上がり、窓からパラパラと人が落ちていた。旋回するヘリコプターは屋上に縄バシゴを降ろして人々を救出していたが、カップルをつり上げて隣のビルへ運ぶ途中で手が放れ、2人は屋根に激突した。

私は恐ろしさのあまり震えた。163人が死亡し63人が負傷した。たくさんのヘリコプターが出動していたが、大部分は周辺を飛び回るばかりだった。屋上のアンテナが邪魔で駐機できなかったのだ。大火中、汽車で二百数十キロメートル南の大邱(テグ)市に移り、「1階か2階の部屋を」と頼んだが、「5階以上しか空いていません」と言う。みんなが高層階を敬遠したのだ。

次は80年代のこと。デトロイトの「スタットラ・ヒルトン」で寝ていると、夜中に電話が鳴った。ペラペラと早口で、全く理解できなかった。同時に廊下を人がドスドスと走る音。火事⁉ 上着を着て必死で階段を駆け下りた。ロビーには数百人がたむろしていた。

「どこから？」「日本の四国から。四国を知っている？」など宿泊客同士の会話が始まった。空が白み出した頃、飲み物やサンドイッチが出された。爆弾捜査班が全室を調べあげ、昼頃まで缶詰にされて無事に開放されたと思ったら、「爆破予告のいたずら電話だった」という。もう、いいかげんにせえ！

しかし、これらの経験は勉強にもなった。ホテル火災では多くは部屋の鍵を持たずに出て、部屋に戻れなくなって廊下で亡くなっているという。床すれすれで息をしながら這えば数十分生き延びられ、自宅に戻れてハシゴ車に救出されたり、外に逃げ出せたりするチャンスが掴めるだろう。とにかく、鍵を忘れずに！

ユダヤに学び

1960年頃のストロング時代だ。カナダで最大だった「グライスマン社」との商談は、グライスマン・ジュニア（子息）と、コーヘン東京支店長、ストロングの課長との間で、帝国ホテルの隣のビルで行われた。毎年売れ行きがわかる11月だった。

帝国ホテルでの昼食時、ビフテキを床に落としてしまい、私は恥ずかしくてトイレに駆け込んだ。5分は経っただろう。羞恥心に苛まれながら席に戻ると、新しいステーキが皿に乗っていた。コーヘンさんは「三好さんは手袋博士だ！」と私を誉めちぎり、雰囲気を変えてくれた。

商談は彼が仕切った。「ジェルミンは1メートル740円ですよね。1ダースに幾ら必要なの？」と。「0・43メートルいります」「富士産業さんは0・41メートルでしたよ」と値切られた。裏、工賃、包装までを自分で足し、「粗利は幾らいるの？」「30％はいります」「それじゃ売れない！　25％しか出せない」と値切られる。ソロバンと計算尺で目にもとまらぬ速さだ。受注後、材料代を下げてもらって、売値から30％（原価から43％）の粗利を確保したものだ。

ユダヤ人の彼は、マッカーサーの6人の通訳の一人として来日し、都心で100坪ほどの土地を2ヵ月分の月給の約1000万円で買い、日本人夫人と新築の家に住んでいた。大卒男子の初任給が1万円だった時代に、彼は50万円の高給取りだった。退職後に土地が暴騰して約3億円で売れ、メキシコのグァダラハラ市のプール付きの豪邸に移住する。

商売にはこの上なく厳しかったが、身障者の私に優しく、本気で指導してくれた恩人だ。計算方法も手取り足取り教えてくれた。英会話は「声を出して繰り返せ」と、流暢な日本語で教える。私が英会話を学んだ最初の先生だった。

一行に一品記録できる記述法も学んだ。右端は飾りの絵を描く。表地2メートル×500円＝1000円、裏地2メートル×300円＝600円、工賃など800円＋包装費100円＝原価2500円。それに売り値から30％の粗利＋ストロング社5％だと、指数は4・3倍（1ドル360円）で、1ダース10ドル70セントとなる。頁毎に40～50品目が収録できた。

それから十数年後のこと。大本の海外芸術展がニューヨークで開かれたのを機に、私は初めて妻と一緒に訪米した。飛行機代はメキシコ経由でも同額なので、お礼を兼ねてコーヘン夫妻宅に伺った。ゲストハウス、庭師やメイド宅付きの大邸宅で2晩泊めてもらった。

ベンツで市内見物したのちの夕食中のことだった。私が「アラブと仲良くできればいいですね」と何となく口にすると、突然、彼は真っ赤になって怒り出し、「野蛮な奴らは死んでしまったらいい！」と言った。私たちはビックリ仰天。奥さんも手助けできない雰囲気で、残念なメキシコ訪問となってしまった。

ユダヤ教を信じるユダヤ人にとって、「アラブ人と仲良くするなんて、できない相談だ」ということだろう。あれほど親切ないい人が……日本人にはわからない歴史と文化、宗教の壁がそこにはあった。商売で思い知らされた世界平和の遠さであった。

アクシデントに学び

こんなこともあった。

1977年7月13日の夜、NYグローブの社長夫妻に招かれ、私はマンハッタンの対岸で夕食をとっていた。8時過ぎ、突然、眼前のきらびやかな魔天楼がまっ暗になった。大規模な停電だった。食卓のローソクの明かりで、ウェイトレスは食事代の集金を始めた。

信号の光も消え、ホテルへの道は、渋滞した車で長蛇の列だった。何とか到着し、エレベーターももちろん止まっていたので10階まで非常階段を駆け上ったが、部屋は冷房も効かず、水も出ない。仕方なくコーラで顔を洗うとネバついたので、ビールで洗い直してサッパリした。窓を開けると緊急サイレンが鳴りっぱなしで、朝まで一睡もできなかった。

ケネディ、ラガーディア、ニューアーク空港では、職員の車のライトを総動員して、飛行機を着陸させているとのことだった。強盗、略奪、暴行が横行し、TVは暗黒の街を実況中継した。

数千人がエレベーターに閉じ込められ、手動で上下させて最寄りの階で降ろされたが、壁を打ち破って救出された所もあった。エンパイアステートビルには73台もそんなエレベーターがあったが、夜の8時だったために、多くの人たちが帰宅していたのが幸いしたという。

余談だが、停電から10ヵ月と10日後、「たくさんのベイビーが生まれた」という映画を、数年後の機内で拝見した。

次は、私が折り畳み自転車を日本からニューヨークへ持ち込んだときの出来事。

街のレストランで、「自転車のチェーンが切断されていますよ」とウェイトレスから急報された。飛び出すとチェーンの切断片だけが落ちていて、駐輪からわずか数分で盗まれていた。ニューヨークの自転車は全部後輪しかなかったのが不思議だったが、前輪は事務所に持ち込んで仕事をしていたことを知った。

またある日、深夜にノックで起こされた。恐る恐る開けると黒人女性が立っていて、「隣の部屋の客だが部屋に鍵を忘れました。電話を貸してください」と頼み込んでくる。グイグイ押されて驚き、「フロントに行きなさい」と全力で扉を締めきった。「色仕掛けで他人に侵入されて、命が危なかった」と、ニューヨークのお客から聞いていたのだ。

ニューヨークは「ハンダル社」のエド氏は世慣れた人物だった。伺うたびに「スワニー、スワニー」と、『スワニーリバー』を歌ってくれた。昼食に招かれると、彼はわざと駐禁区に駐車し、警官に10ドル紙幣を握らせた。これで車を見張ってくれるのだから、そのシステムは機能していた。

ニューヨークの「みかど」では、2人組の警官が夕食をとっているのを何度も見かけた。店主の帰宅時には、売上金が狙われて危ない。そこで毎夜、閉店ギリギリに彼等がやって来て、現金

と女主人を自宅まで送ってくれるという話だった。

話し方に学び

昔のこと。

高松のホテルで、２泊３日の江川ひろし氏（日本話し方センター創業者）の「人生を変える話し方教室」を受講した。１秒も気が抜けない充実した体験だった。

人前であがらない方法、話題作り、いい人間関係を築くための話などだった。習った方法で、参加者全員に自己紹介した。ビデオを見ながら、癖、速さ、抑揚などについて教えを受けた。「失敗談」「人を誉めたら」「研修で記憶に残ったこと」について、全員が３分間スピーチをした。長所は誉められ、短所の改善方法を指導する。

私は、研修中のホテルのエレベーターで、出会った男性のネクタイを誉めあげた。「そんなにいいですか！」と顔をまっ赤にして喜び、その場でネクタイを外した。「それを頂戴しました」と、皆さんに披露したら拍手喝采を浴びた。40年以上経った今も鮮明に覚えている。その後、自社の社員を話し方教室に送り続けている。

新入社員だった中西義治君、奥代恭史君、今瀧作治君、岩城考亮（たかあき）君たちを「話し方教室」に派遣した。一緒に学んだ人からのちに、「社員さんたちが積極的に発言しておられるのを拝見し、『人材育成』に賭ける御社の理念に感動しました」と心のこもった便りを頂戴した。

これも昔話――町の婦人会の幹部数人がわが家を訪れた。40代だった妻に、「会長に」と懇願されたが、妻は、「そんな器ではないし、人前で話す自信など全くない」とお断りした。

そこで私は「話し方教室」を受講したらどうかと何度も妻に勧めたところ、いやいや腰をあげたが、「でも自信がない」と言う。再受講を勧めたら「行ってくる」と言って、2度目で少々自信をつけてきたようだ。

効果は明らかで、妻は本町婦人会長、東かがわ市婦人会長、大川法人会女性部会長、大本白鳥分所長、大本総代などを次々と務めることになる。

アメリカでは話術の教育が必須科目だと、スワニーアメリカのトム副社長から聞いた。日本人はマイクから逃げ回りがちだが、アメリカ人がマイクを握って放さないのは、そのためか……とその差を見せつけられた、バイデン大統領やハリス副大統領の勝利宣言の演説に陶酔しつつ、そんなことを思い出していた。

講演に学び

私は、若いときから社員の前で話す機会が多かったが、シドロモドロになり、何を喋っているのかわからなくなる経験を重ねてきた。普通の会話なら全然困らないのに、なぜうまく話せない

のか！　父からは「声が小さい！　何を言っているのかわからん！」と言われ続けた。

1970年頃だが、ディール・カーネギー著の『カーネギー話し方教室』を読んだ。話術を超えた啓発書でもあり、「体験談を喋れ、第一声で虜にせよ、挙手を求めよ」など、話術の宝庫だった。100ヵ国、30言語、900万人に読まれ、今も売れ続けている超ベストセラーだ。

3回読み続けたあたりで、講話の依頼が舞い込んだ。「発想の転換」と題して何か喋れ、という。全く自信がなかったが、本の一節、「頼まれたときしか機会はない！　50ドル払うからと聴講者を募集しても、誰も聞きに来てくれない！」を思い出した。

当日、話の冒頭で「私は放心状態のまま、スクーターに乗って家を飛び出しました」と切り出した。私が失恋したときの話だったが、「前置きは言うな」の教えに従ったのだ。あとはあがらずに進められた。満足できないところもあったが、父から叱られ、人前であがって恥をかいていた頃の自分とは大きく違っていたと思う。

その後、講演の機会が増え、全国各地でもう200回を超えるまでになった。テーマは、経営に関する体験談が中心だった。

しかし、こんなこともあった。地元の小学校の全校生への話のとき、前の1、2年生が靴の投げ合いを始めたため、頭が混乱して言葉が出なくなり、先生が子供たちを叱っても止まらなかった。それから「ごめんなぁ！　こんな話だったらわかるん？」と、幼児ことばに切り替えた。かわいい幼児が、実は一番怖いのだ。

求人に学び

1970年代、人材の採用が緊急課題になった。が、一筋縄ではいかない難事業だった。ある年、4~5名の学生から応募があり、広島駅前のホテルで説明会を開いた。が、訪れたのは1人で、こちらは採用を担当した2名と私の3人だ。目の前にポツンと学生がいて、最初から社長面接になってしまい、先方も困り果てていた。

さらに、「この人は」と惚れた人材には悉く辞退された。要するに結婚と全く同じで、相手もこちらも真剣勝負なので、お互いに好きにならないとダメなのだ。惚れた相手を、どうやってこちらに向けさせるかが勝負になる。

さて、と考えた！　勝利への道はただ一つ、「こちらがチャーミングであること」だ。一般の「会社案内」と「社長が信頼できる人物かどうかがわかる資料」「地域社会からの評価」が、即座に学生に見えなければならない。このために、資料に、まず同時通訳の先駆者の金山宣夫氏が見たスワニー評を入れる。スワニーを語る作家の深田祐介氏の文章も含めた。さらに、マスコミが扱った記事も時系列で読めるようにした。

1979年に、四国新聞社の優秀広告賞を、サニーマート（高知市に本社があるスーパーマーケット）とスワニーが受賞した。求人広告は、フロリダから来た英語教師のダイアンさんによる、

「ほら、お点前もこんなに、上手に！」の写真を載せた。そんな努力が実って、しばらく香川での学生の「人気企業ベストテン」入りしたこともあって、人材が集まるようになっていった。

しかし、そううまくばかりは運ばず、ある年、最終に絞り込んだ徳島大学の学生から、「革を扱うスワニーはご免だ」と言われた。とっさに彼が革靴を履いていたのに気づき、「貴方も動物殺しですがなぁ」と言ってしまった。

「人気企業入り」した頃、社員に人材の紹介を頼んだところ、ある社員から、「好き嫌いが激しく包容力がない。欠点ばかりチェックしている。そんな社長のイメージをアップしたら人は入ってくる」と、強烈な回答が返ってきてしまった。その夜から、「好き嫌い、包容力、イメージ向上」が脳天でチラつき、苦悩する日々が続いた。自ら重い課題を背負い込んでしまった。

とどめを刺すように、光中専務から「季節商品の手袋業では、期待するような人は採れませんよ」と会議で言われ、本音の意見に返す言葉もなかった。

忠告に学び

本書を書くために、半世紀分の手帳を見直した。反省材料ばかりで、気が滅入ってしまったが、1976年に入社した矢木純二君の指摘を、手帳は記録していた。

「1、注意は気づいたときに一対一でしてほしい。2、給与レベルは中小企業である。3、意見を聞いてくれない。4、岩澤常務だけが社長の制止役になっている。5、付け焼き刃人事に不信あり。6、古参幹部の退職に不安。7、父の会長にもっと丁寧な対応を」の7つであった。

給与水準、聞けていない社員の意見、私の制止役がいない、納得されていない人事、多過ぎた退職者、父への対応……どれもこれも反論の余地はない、というのが偽らざる私の心境だ。いかにダメな自分だったかを思い知らされた。

ここで、「ほんの少しでも自己を変革できたなら、人生は180度変わる」との、出口日出麿師の教えが頭に浮かぶ。

辞めた岩澤常務は、10年間も受けた外部の経営指導に疑問を抱く。「わが社を知らずして、営業計画やマニュアル作りなどを学んでも成果は出ません。社内で議論して進めた方が、無駄な支出がなく待遇がよくできた筈です」という。

私は、中期経営計画を立てる際に、「PLAN計画、DO実行、CHECK評価、ACT改善」の繰り返しや、人材育成にコンサルタントの価値があると思っていた。しかし、「待遇がよくできていたはず」と言われれば、後悔の念が先に立ってしまう。

その道の先輩たちから、「誉めるのは文章で、叱るのは口頭で」と教えられていたのに、その反対をして数々の失敗を演じてきた。あるとき、スワニーバッグの動画を作った課長の岩城考亮君に「先に文章化していたら2分以内にできたのでは」とメールで注意してしまい、「カメラマンから自由に喋ってほしいと言われた」という彼の説明をよく聞いてあげなかった。直後に「し

まった」と反省したが、後の祭りだった。

語学に学び

社員に英語会話を教えてきたのは、私が苦しんできたからだ。

スワニーには1970年から数々の英語教師を招き、通算すると、百名近くが彼らから学んだ。しかし、不充分だった教師の管理のために、期待ほどの成果があげられなかった。社員が英語慣れしたのは事実だが……。

1977年、高松の会話学校で、韓国社員の高永倍(コーヨンベ)君と朱炳守(チュビオンス)君は日本語会話を、板野司君など数十人は英語会話を習った。個人レッスンの授業料は40分・4000円で、成果は抜群だが一人月に100万円かかった。

私が韓国語を習い始めたのは、韓国に進出した3年後の1975年だ。ベルリッツの教師を招き、毎日4ヵ月間7時間のレッスンを受けた。韓国語から日本語が生まれたのでは？と思うほど、テ・ニ・オ・ハがあって、日本人には最も習いやすい外国語だった。

私は釜山空港で、入国審査官から、「発音が正確だ。誰から習ったのか」と聞かれた。「ベルリッツ・ハッキョウ（学校）ウロ（で）・ペウスミニダ（習いました）」と答えると、「きれいな発音です」と硬く手を握ってくれた。

Let's start the lesson!

私の後継者の板野社長は、２０１７年から、社員13名に毎日25分のオンライン英会話スクールの「Biz mates」の受講を開始した。どこにいてもパソコンさえあれば受講できる。スクールは４００名の先生を集めたビジネス特化型の英会話専門校だ。全員が大学で英語教師などを経験しているフィリピン人教師で、月謝は１人１万２０００円と安い。

フレンドリーで教え上手。１年もすればかなりの会話能力が身につくだろう。

トイレに学び

カナダはモントリオールの「パリスグローブ」で、小便用トイレが高いのには参った。背の低い私では届かない。いよいよ困って、私と背丈が同じのフィッシャー部長に聞いてみた。「なんだと！　大を使えばいいじゃないか！」。

青年時代に、「金毘羅さん」の登り口にある大本の幹部宅で見た標語を思い出す。「心静かに手をそえて、外にこぼすな松茸のつゆ」とあった。

１９８８年に訪れた上海の旧「虹橋空港」の男性用トイレには、「小便請上前一歩」と書いてあった。中国語ができない私でも理解できた。

ニューヨークのエイボン社のトイレは、「Don't believe yours not so long」と書いてあった。

リトアニアはヴィリニュス市で開催された「世界エスペラント大会」に参加したときのこと、隣国のポーランドのワルシャワから友人たちと小型バスに乗って会場に向かった。杉原千畝がユダヤ人にビザを発給し、6000人も救った国だ。国境を越えたガソリンスタンドで、トイレを借りたが、余りにもきれい過ぎて恐れ多く、退散。森の中で用をたした。

そんなあまたの体験は、韓国や中国で、はたまたエチオピアなどでも積んできた。日本の1960年代は、下請け回りをしていて、落とし込み式の強烈な臭いにうんざりしたものだ。

父が役員をしていた「東亜皮革」ではその昔、貴重な糞尿は入札で売買されていた。その頃の社員は、一糞でも自分の財産にと我慢しつつ急いで家に帰っていた。

徳島に進出した頃だ。三好町の学校を借りた「徳島スワニー」のトイレで用を済ませた。が、チリ紙がない。仕方なく、シャツの下半分を破ってすませた。帰宅して風呂に入る際、「なに！そのシャツ！」と、ヨシ子の呆れ顔。夜までにすっかり忘れていたのだ。

中国スワニーのトイレの穴下では、豚がお腹をすかせて待っていた。それにしても、究極の「粗食」にしかありつけない中国の豚たちが可哀そうだ！　と思うのは私だけだろうか。

2007年、横浜市で開催された「世界エスペラント大会」で、ロシア人の講演を聞いた。広くて清潔な日本の障害者用のトイレに驚き、「ベッドを置けば、わが屋の寝室より綺麗だ」と言っていた。

ヨシ子に学び

私は結婚当初から、妻のヨシ子と一緒に風呂に入っていた。末っ子の優子が小学生の頃だが、夕食が済むと、「お父さん、今夜は私がお父さんを風呂に入れてあげる。一人でよう入らんのやろ！」と言われたものだ。老境にさしかかって、仲良く風呂に入り始めた。「もう！　窮屈なのに！」と言いつつ、ヨシ子に笑顔がこぼれている。

西式健康体操後、疲れていたとき、つい肘をついて食事をしていた。「あんた、それ何！」、「すまんすまん！　少々しんどいんでなぁ」「私に謝ってもいかんでぇ！」と一喝されてしまった。

若いとき、夜に来客があった。玄関で見送り、客が戸を閉めて出たので私は外灯を消そうとしたが、ヨシ子から「消しては駄目」と叱られた。「お客さんが見えなくなるまで、消したらいかんでぇ！」と。「客の心は背中の後ろをいつまでもついてくるんでよ！」と説教されてしまった。

ヨシ子は来客だというと、決まって周辺を掃除しはじめる。私が「もうええわぁ！」と言っても「そんなんではいかん！」と、せっせと片付ける。髭剃り、絵具などの棚を布で目隠しする。「もうええがだぁ」といっても彼女は聞かない。負けてはならじと、歩く先々で私もチリを拾う。スワニーバッグのポケットがわが家のゴミ箱だ。

毎朝髭をそり櫛で髪をとくと「後で割れている」と直してくれ、櫛に水を含ませると割れにくくなった。「シャツのボタンは上まで留めたら見苦しい！」「ズボンのチャックは上まで上げて！」

と毎回注意される。「電話にはすぐに出てよ!」とも言う。

2年近く前だが、窮地に陥ってしまったことがある。「男女平等を説くあんたなので、交代で料理をやってよ」と言い始めたのだ。熟慮の末に、毎夜就寝前の15分間、彼女の肩と首を力一杯マッサージすることで、その矛先をかわすことに成功した。

2019年の日経新聞の連載小説は、伊集院静氏の夏目漱石をテーマとした『ミチクサ先生』だ。漱石は兄から、「大半の人は、そいつの容姿で、どんな器量かを計るもんだ」と学んだ。「ヨオシ? キリョウですか?」と。「そう、人としての器の大きさだ。それを人は身嗜みを見て判断するってことだ」と。

ここで紹介したい師匠は「人間科学研究所」の池田弘子さんだ。30年も前に学んだのは「机上に手鏡を置け」で、卓上小物入れに固定された鏡の自分が、自己を凝視するのにも役に立つ。小物を一ヵ所にまとめると、捜す時間を最短にしてくれる等々……。

女房の澄んだ感性と、鈍感な私と合わせて一人前でがぁ(さぬき弁)。

タイプに学び

1964年から通訳を使って海外顧客開拓を始め、私が電話で告げた注文内容を、古参社員の松村初雄さんが受注請書としてタイプ打ちし、お客に郵送して確認を取っていた。

サイズや材料名など数百の手袋用語を打ち込んで、その作業を手伝ったのが、「オリベッティ」だった。タイプ打ちは簡単で、私は毎日30分、１週間程度の集中練習で、キーを見ないでローマ字を10指打ちが出来るまでに習熟できた。

パソコン（ＰＣ）に代わったおり、店員から「一つのキーで文字が２つ打てる、親指シフトですよ！」と強く推された。ローマ字よりも格段に難しかったが、１ヵ月ほどで位置を覚えた。そして、富士通の「マイポケット」を持ち歩き、数年かかったが、周囲がうす暗くなったバスの中でも打てるようになった。商談報告が手書きから活字に変わった。

そのうちに、マイクロソフトが上陸してきた。親指シフトは絶滅機種に追いやられ、２割も遅いＪＩＳの仮名打ちに60を過ぎてから挑戦せざるを得なかった。

本社だけで約１００名がＰＣを使うスワニーでは、２０１７年からブラインドタッチを推進中で、Ａランクだと１万円、上ランクでさらに１万円の賞金が出る。元からのブラインド者が11名いて、28名が賞金をもらい、ブラインドタッチ者が10％から40％に上昇した。

大前研一氏によると、韓国や中国では、打ち間違いを目隠しの下から覗こうとする中学生の肩を、ダメダメと先生が叩いてブラインドタッチを推進していたという。デジタル化で20年遅れ、タイプ速度でも圧倒的な差がついて――日本は本当に大丈夫か？

読書に学び

高校時代、３時間目には、教科書で隠して弁当を食べていた。成績も中間前後かその下をうろついていて、学生時代に真剣に学ばなかったことが、私の成長を阻害してきたと思う。

高松の「ランゲージハウス」のページ校長の口癖は、「カラオケが上手で、日本語がシッカリしていれば、英会話はうまくなる」だった。私は少々話せても英語では書けず、辞書なしでは日本語の葉書も書けないまま一生が終わりそうだ。

「本をたくさん読んでも、小説しか読まないのでは、時間の浪費にさえ感じる。ノンフィクションの世界には、学ぶべきことが実に多い」。キングスレイ・ウォード著『ビジネスマンの父より息子への30通の手紙』の一節だ。ヒルティは著書『心の糧』で、「早い年齢から規則正しく読む習慣をつけ、無駄なものを決して読まないことである」と言っている。

もちろん、これはある種の極論であって、小説などにも優れたものがあることは理解しているつもりだが、私はできるだけノンフィクションの作品を読むようにしてきた。が、何を学んだかと聞かれると、すぐに思いだせないのが実情だ。私の人生の師匠、出口日出麿師は、「本ぐらいは誰でも書ける。が、体験を積むことほど大切なものはない」と、体験の尊さを説く。

私は２０１４年から、本の読み聞かせサービス「サピエ図書館」の会員になった。見えない、見えにくいなど、視覚障害者向けのネット図書館だ。全国約２２０の団体が録音した50万冊もの図書が聞ける。目を閉じ、横になって聞けるのは有難く、臨場感や迫力も満点だ。例えば、日本文化を世界に紹介し続け、日本に帰化したドナルド・キーン氏だ。彼は約45冊の日本語著書を著したが、26冊が音声化されている。

この図書館を利用し始めた発端は、白内障の手術を受けた頃から、長時間の読書が辛くなったときに、高校時代からの親友の佐藤陸夫君が教えてくれたのだ。高松の県立図書館に自ら出向き、障害の程度などについて書き込むと登録できる。約２万円の専用ソフトをパソコンに取り込むと、美しい声で朗読を聞かせてくれる。

ただ不思議なことに、他人に読んでもらうと記憶に残りにくい。そこで感激した本は購入して再読する。ネット通販だと1円の本もあり、約２５０円の送料だけで買える。パソコンを開けば、数分で手続き完了、翌日には届くのだ。今ではアマゾンや楽天ファンになってしまった。

祈りに学び

半世紀も前から、大本白鳥分所では朝拝を毎日6時半から始め、続いて毎月1日には白鳥神社に参拝してきた。亡父が始めたもので、参拝には5~6名が参加していた。そのまま7時前に出勤し、会社の空調機を作動するのが私の日課だった。

世界でも似たような体験をしてきた。

ある年の暮れの日曜日、ヘルシンキの中心から北に、膝をガタガタ震わせながら零下30度の中15分歩いて、大岩をくり抜いた「テンペリアウキオ教会」にたどり着いて驚いた。吹雪なのに数百人が参拝し、パイプオルガンが響きわたり、荘厳なミサが続いた。日本人は我一人。

デトロイトの「シャインフーゴ」は、Kマートのバイヤーでシェラー氏が通う教会だ。「ワシは世界一のバイヤーだ！　世界一良い手袋を！　世界一安くもってこい！」と初めての商談で追い出され、5年超しの執念が実った末の相手だ。教会で、私は天津祝詞(あまつのりと)をあげたが、バイヤー夫妻との祈りは初めてにして、最後の体験だった。

ニューヨークの「聖ヨハネ大聖堂」には、1975年に大本の海外芸術展が行われて以来、参拝し続けてきた。ある日曜日、キリストの血としてワインが振る舞われ、ミサの後で「大本の三好さんに参拝いただきました」とモートン聖堂長から数百人に紹介され、びっくり仰天したことがある。

その他「インカネーション教会」や、トロントの「セント・ミッシェル大聖堂」、モントリオールでは「セントジェイムス聖公会」などに参拝してきた。平安神宮、春日大社など、国内の神社仏閣にも手を合わせてきた。世界の宗教は根本で繋がっているはずだから。

神道では「言霊(ことだま)」を重んじ、イエス・キリストは「始めに言葉ありき、言葉は神と共にありき、言葉は神なりき」と説き、言葉には生殺与奪の偉力があるという。私は、天地のご恩への感謝と、一つの神、一つの世界、一つの国際語のそれぞれの進展に願いを込める。

1978年、シャインフーゴ教会にて、シェラー部長夫妻と

私の半生は、手あたり次第に学び取り、実行してきた人生だ。

ニューヨークのバスでは隣人から「そのやり方では狙われます」と言われ、「20ドルや50ドルは1ドル紙幣で巻いて財布に入れなさい」と教えられた。今も、千円札で一万円札を包み込んでいる。まさに「隣人は師匠」だ。

第2章

支えるニーズに応えて

◆「支えるバッグ」ユーザーからの声

「医師から歩行器を勧められ『ウーン』と唸った後、京王百貨店で支えるスワニーを見つけました。この子が毎日私のお供をしてくれています」（杉並区、N様）

「東京駅の待合室が満席で、座面付きが活躍してくれました。さらに、長いホームをずっと支えてくれ、申し分ありません」（市原市、Y様）

「玄関から駐車場まで100メートルもあり、手荷物を入れたままで支えられ、夢のようです。さらに安心感があり、お気に入りの絶品です」（横浜市、H様）

「スワニーのユーザーに会うと、初めての方でも『これ、スワニーよ』と、会話が始まります。次々とお友達ができて、嬉しいかぎりです」（金沢市、I様）

「シンガポールで『どこで買ったの』と聞かれ、『日本で』と応えたら、とても残念そうにしていた。こんな便利な物を考えた人に感謝で一杯だ」（福岡市、M様）

スワニーバッグの出荷は、2013年度から11万個を超えるようになった。毎年8000通を超えるアンケート葉書の過半数に、お褒めの言葉と感謝の想いが綴られている。しかし、この歩行を助けてくれる「支えるバッグ」が世に出て、受け入れられるまでには、乗り越えなくてはならない、無数の高いハードルがあったのである。

「支えるトランク」の発見

私が、3度目に世界一周したのは1966年のことだ。NYのエンパイアステートビルの南側で、「ガラードカバン」の看板に吸いよせられた。ショーケースには、75ミリメートルの車輪付きトランクが輝いていた。「こんなしっかりした車輪が付いているのなら、持ちあげなくていい！」一瞬驚き、目を疑った。

すぐさま70ドル（2万5000円）で買い、手袋の見本や身の回り品を詰めて、トランクに凭れて歩いた。荷物を入れたままで全身が支えられ、勇気百倍の気持ちになった。それまでは15キログラムほどのトランクが重たくて、もう海外遠征は無理かも？と、悲観していたからだ。

渡米のたびにそのトランクを買って帰ったので、会社には20数個もゴロゴロしていた。一躍人気を集め、社員みんなが使い出した。ミシン部品などで百キログラムを超えても楽々と運べたからだ。

世界行脚中には、荷物はホテルの部屋の引き出しに詰め、空のトランクに凭れて食事にも同行した。百貨店での市場調査のたびに怪しまれ「中を見せろ」と、守衛から睨まれた。だが中身がカラなので、「失礼しました。どうぞお入りください」と頭を下げてくれた。

しかし、手袋を満載すると約20キログラムとなり、階段では左手で手摺りを掴み、左足だけで一段上っては、右手でトランクを引きあげてきたので、健常者の2倍は左足を酷使してきた。空でも7キログラム

あり、タクシーに持ち込むのは堪えた。

しかし、このトランクは私に大きなヒントを与えてくれた。広い空港では、どこにも手を支えるものがないので、障害者は歩行が難しい。

機内に持ち込めるような小さなバッグでも、トランクのように凭れることはできないだろうか？　小型バッグが体を支えてくれたら、どんなに楽だろう――私はそんなことを思うようになった。

「支えるバッグ」開発への挑戦

空港でトランクを預けた後、車輪や把手の付いたアタッシュケースに持ち代える！　どこでも支えられて楽々と歩ける！　このアイデアが脳裏を駆け巡った。しかし、スワニー代表として本業である手袋の仕事に追われ、広い空港を歩きつつ「支えるキャリー」を夢に見ながら、いつの間にか30年が過ぎてしまった――。

バブルが崩壊し、温暖化が顕著となり、手袋業界の売上は６６０億円から３５０億円に落ち込んだ。年中商品の開発が急務となり、１９９２年に戦略会議を立ち上げ、ネクタイ、帽子、作業手袋を調べた。いずれも過当競争のまっただ中にあり、勝てる要素がないことが判明した。

その折、弟の朝男専務から、私が買って帰った「トランクを作ろう」と提案された。見よう見真似で作ってみたが、素人のたわごとでしかなく、失敗してしまった。そこで、私が長年求め続けた「身体を支える小型バッグ」に挑戦することにした。

1995年から「支えるバッグ」の試作が始まった。課題は「身体が支えられて倒れない把手」と「クルクル回る車輪」だった。

思いついたのは、バッグの中央を壁で仕切り、その壁に把手を付けたものだ。2部屋に仕切られたので、薄いものしか入らず、売り出すと販売で苦戦した。しかし、購入者からは「こんなバッグが欲しかった」という反響が相次いだ。

私は大きな物が入って、しかも体を支えてくれるバッグを求め続けた。握りが中央でないと支えられず、中央把手だと大きい物が入らない。工作機械一式をお持ちの高原喜夫さんの器用さによって開発が進み、上に伸ばせるハシゴ車も試したが、フラフラして使えなかった。

生き残る上ではコストの安い中国製以外になく、1996年に上海に飛んで、カバンの部品メーカーと議論を重ねたがラチが明かない。その夜、私はクタクタになってホテルで眠りにつき、「パイプを湾曲させよ」という夢で目が覚めた。飛び起きてグラフ用紙に図面を引いた。側面のパイプを、半径5メートルで湾曲させて、握りを引き上げると中央に寄るではないか！　これで「体を支えつつ歩ける」と確信した。

「やった！」その瞬間、私は叫んだ。

しかし、これは紙の上の成功でしかなかった。日本の大手アルミメーカーの5社に、3種類（太

い・中間・細い）の太さの湾曲パイプが作れないか打診したが、どこも「不可能」という答えだった。次に台湾の把手メーカー10社を回ったが、答えは同じだった。が、一社だけが、それぞれのパイプを必要な長さに裁断し、油圧機で半径5メートルのカーブに曲げられるという。数十回往復して実験を繰り返して完成したのが「スワニーバッグ」だ。30年も願い続けた「動く手すり」が産声をあげた。

それまで、引っ張って歩いていたキャリーバッグを「横で押しながら体を支える」ようにしたのは、世界のトレンドまで変える発明となった。

エジソンが「発明は99％の努力と1％の閃きから生まれる」と言ったが、まさにそのとおりで――1％の閃きによって、それまでの努力が報われたのだ。

「支えるバッグ」が世間に認められるまで

求め続けた「支えるバッグ」の完成を喜んだ一方で、販売の難しさに直面した。商品化したものの、期待に反して3年間は売上が伸びなかったのだ。

何とかこのバッグを普及させたいと思い、私自身が各地のバッグ屋さんに売り歩いて回った。多くの店員から「身体を支えるバッグなんて」と否定され、「そんなニーズは存在しない」とまで言われた。しかしだ。1割ほどの店長から「うちの祖母が喜ぶかも」という声をいただき、だんだん扱い店が増えていった。そのうち「満足いただいてます」「支えるバッグがほしい人がいます」という反響が、続々と届くようになった。

しかし、そこに強力な「内なる敵」が現れる。社内の健常者6名の部門長は、身障者のニーズがわからなかった。毎月の会議で、バッグ事業からの撤退を全員が迫ってくる事態になってしまったのだ。倒産を心配する幹部の気持ちも理解でき、孤独と忍耐に追い詰められていく。売れないバッグのために、毎年数千万円をつぎ込む私に向かって、「社長個人でやってほしい」という声まで現れた。

累積赤字が4億円に達した2000年9月、撤退か継続か、の選択を迫られた。苦しんだ挙句「いずれ大衆に理解される」との思いがどうしても消えない私は、3年間も懊悩した後に一晩悩み抜き、清水の舞台から飛び降りる決断をした。

バッグ部門のトップだった井清修次君に、「反対する幹部は全員やめてもらい、若手を抜擢する」と宣言したのだ。「そんなことをしたら会社が潰れますよ!」が彼の答えだった。

起死回生策として、私はタグを単行本サイズに大きくし、スワニーバッグに支えられた自分の写真をあしらった。そこに「小児麻痺の後遺症に悩む私は、地球を百周しつつ鞄を軽くしたいと思い続け、ついに凭れて歩ける鞄を完成させました。手袋のスワニー社長三好鋭郎」とコメントを入れた。

するとタグが共感を呼んだのか「支えるバッグ」が認められはじめ、通販会社も私の開発ドラ

マを、PRするようになった。「淡路花博」に700個のバッグを提供し、無料で貸出して認知を図る。また日本経済新聞で紹介されたり、全国テレビで放映されたりと幸運が重なった。その秋、めでたく売上目標を達成、退職勧告も幻と消え、反対の声は静まっていった。

バッグ部門の存続が危ぶまれていた2年間、長兄の谷始が東京から飛んで来て、毎月の会議に参画してくれた。彼が反対者6名の防波堤になってくれ、危機一髪の難関を切り抜けることができた。現在ではスワニーバッグは売上の25%を占め、将来性ある事業になっている。

静かでよく回るキャスター

「支えるバッグ」が売れ始めた一方で、お客さんからは、「車輪がやかましい！　住宅街では持ち上げて歩いている」との声が頻繁に寄せられるようになった。私は頭を抱え、解決策を探して考え込み、夜も眠れないほどだった。悩んでいた2003年、東京ビックサイトの「国際福祉機器展」で、前輪のまん中に1個しかベアリングのない車いすを発見した。瞬時に「コスト、騒音、重量が半減」すると閃いた。

しかし、技術的な問題から、スワニー単独では商品化できなかった。日本一の「ハンマーキャスター（株）」を訪問し、吉田晴一社長に「静かでよく滑るキャスターの技術指導を」とお願いした。すぐに技術者が集まり、「オイル入りベアリングを横にすると、静かでクルクル回ります」

と教えてくれた。ただ強度が３割ほど落ちるので、補強方法などで特許を取得した。

それらを商品化するために、私は７〜８年の間に上海を１００往復した。数千万円を投入し、２ℓ（リットル）入りボトルを６本入れても、指１本で静かに動くキャスターが完成した。８代目の製品で車軸と方向転換部を８個のオイルベアリングで支える、世界最高水準の60㎜（ミリメートル）キャスターが誕生した。また、ドライバー１本で車輪が交換できるようにした。

「夢のように回転し、10年使ってもキャスターは壊れません。価格は高いが、元がとれています」（茨城県、Ｉ様）

「クルクル回ってスイスイ進みます。足の悪い私にとって、こんなに嬉しい出会いはありません。天に登るほど価値ある買い物です」（明石市、Ｓ様）

健常者に愛されて

スワニーバッグを購入された理由は？　とのアンケートの問いに、スムーズな走行性41％、支えられる36％、小回りが利く22％が、答えであった。「走行性の良さ」が「支えられる」より多いことから、大勢の健常者に使っていただいているようだ。次が寄せられた意見だ。

「内装が明るくて中身が見やすく、手を添えるだけで押せるので、手ぶらで歩くより楽々と歩けます。荷物まで入る私のよきお供です」（杉並区、Ｍ様）

「お年寄り用だと思っていましたが、私がスワニーに引っ張られている感覚です。5キログラムの荷物を入れても、ルンルン気分で歩けます」(横浜市、R様)

車輪が交換できるバッグ

今まではバッグを縫製してフレームを入れ、ハンドルやパイプを付け、車輪を鋲止めしていたが、工程や部品が多くて壊れやすく、コストがかかった。そこで車輪や把手付きの台座に、どんなバッグでも乗せられる独自の構造を目指した。

社内からは、「パイプが丸見えで売れない」と評判が悪かったが、バッグが簡単に外せるので、汚れた車輪を玄関に残せる――これが決め手で特許が取れた。お客様の不満と不便を解消するために挑戦し続けて、着想から20年。今は9割が「載せ替えタイプ」に変わった。

「特徴は容量、軽さ、楽々走行などですが、決め手はバッグが外せることでした。娘が神経質で、車輪が汚いと部屋に上げてくれませんので!」(松戸市、S様)

「いつも、鞄を取り外して部屋に持ち込んでいます。三好前社長の人生から生まれた一品に感銘し、もっと早く買えばよかったと後悔しています」(丹波市、I様)

身障者が開発する意味

60歳になり、玄関に手摺りを付けたときのことだ。帰宅すると、手摺りが少々横に移動していた。妻は「恰好いい場所にした」と言うが、「外見よりも使い勝手だ」と私は身障者の立場から反論した。少々口論となったが、「だとしたら、スワニーバッグの跡継ぎは健常者には無理ではないか？」という妻のひと言に、ハッとした。障害者のニーズは身障者にしかわからないのだ。「そうだ、身障者を雇おう！」とその場で決意した。

そして入社したのが、事故で股関節を痛めた板東慶治課長代理だ。製図ソフトのＣＡＤが使える、足が不自由な設計者だ。「身障者に愛されるモノは、健常者にも喜ばれる」と信じて活躍中だ。

「スワニーバッグを機内に持ち込もうとすると、職員に止められ『バッグ無しでは歩けません』と頼んだら通してくれました」（町田市、Ｙ様）

「足を悪くして絶望状態に落ち込みましたが、スワニーに出会え、感謝一杯の日々に替わりました。公民館活動やコーラスで精一杯頑張ります」（高知市、Ａ様）

女性のニーズに応える商品を

２００３年、東京のバッグ店の店長さんから、「抜群の機能だがデザインが今一つです。まさか男性がやってないでしょうね?」と問われた。私が犯人だったので赤面し、女性スタッフを増やし始めた。そのとき、総務の渡邉美鈴さんが、「企画に関わりたい」と希望してきた。彼女の母親は障害者で、お子さんも重い病気で亡くされている。そんな経験を活かしたいと「ユニバーサルデザイン」の企画に手をあげてくれた。

輝くミドルのための「モノグラーモ」シリーズは、10年間に5万個を超えた渡邉さんのヒット作品の一つだ。黒を基調にエナメルの光沢が華やかで、重い荷物を楽々と運べ、外出や仕事に役に立つバッグを目指したという。彼女は刺繍加工を美しく仕上げるのに苦労し、上部が膨らみ、ファスナーで開閉できる容量アップ機能などを新しく考案した。

渡邉さんは開発スタッフの一人として、顧客の意見に耳を傾けては、要望を工場に伝えるために東奔西走している。「外出できなかった人が歩き出し、百歩となり、ついに海外旅行まで!」。そんな「ライフスタイルを支える」商品づくりに、熱意を燃やしている。

「軽くてデザインもよくて、おしゃれなので、何人からも『素敵ですね!』と誉められました。その都度笑顔が湧いてきました」(横浜市、K様)

「デザインに高級感があり『イタリア製ですか?』と誉められました。音も静かで抜群の機能。磨けば磨くほど輝きます。目からウロコです」(川崎市、O様)

ハンドバッグに凭(もた)れて

２００７年、「ハンドバッグに凭れて歩きたい」「金の延べ棒が入っているようにハンドバッグが重たい」と女性のユーザーから便りが届いた。そこで妻のバッグを確かめてみると、化粧品、鏡、携帯電話、メガネ、手帳などが入っているせいで、確かにドッシリと重かった。これは男性にはわからない感覚だった。なるほどなあ！　と得心した。

世界一小さいキャリーバッグ作りが始まった。ＭとＬだった２サイズの上に、Ｓの台座を追加し、底が21・５×15センチメートルで、高さは27センチメートルとした。

３段パイプを４段とし、高さが27センチメートルでも、握りは90センチメートルまで上げる必要があった。５社の把手と比較し、パイプ内の20近い部品を低くするために、ミリメートル以下の設計に没頭した。少々角張っているが、把手の端で身体を支えても、手のヒラが痛くならないハンドルだ。

「他社製の握りは流線型でスマートですが、スワニーよりも２～３倍も手のひらが痛くなります。やはりスワニーにして良かった」（四条畷市、Ｔ様）

「杖には抵抗がある年齢です。容量もハンドバック型で充分で、毎日ルンルン気分で散歩やお出かけを楽しんでいます」（那覇市、Ｋ様）

座れるバッグ

次に、「座れるバッグがほしい」という要望が相次いだ2003年、最初の座面付きを完成させた。が、ゴム紐で引っ張って収納したために、耐用年数が短かった。

第2弾は、巧妙な機械式でうまく収納できたがワンタッチではなかった。それから5年以上、お客様に愛されるバッグとして生き延びた。

苦心惨憺した第3弾は2015年に誕生した。ワンタッチで引き出せ、一発で収納できる。大勢が愛用している座面だが、椅子の部分だけが少々重たい。

「しばらくイスに座ると回復します。電車待ちの間に座れて、身体が支えられて楽々と歩けます。世界一のバッグだと思います」（新潟市、A様）

「教材を詰め、ホームでの待ち時間に座って勉強したいと、息子がスワニーで塾通いです。気に入ったのはイスのところ！」（足立区、H様）

二段底で腰を守る

次に腰を屈められない人、腰痛に悩んでいる人の要望に応えて、腰を曲げずに荷物が出し入れできるように改良した。製品名「ドゥマーノ」。

「腰を痛めて曲げられなくなったので、二段底の『ドゥマーノ』を愛用しています。一泊から二泊用に最適です。二段式を沢山揃えてください」（箕面市、T様）

「腰痛のために腰が曲げられません。ドゥマーノの種類を増やしてほしいです。スワニーバッグは、命に次ぐ大切な私の必需品です」（所沢市、Y様）

ドゥマーノとはエスペラントのドゥDu「2」と、マーノMano「手」の合成語だ。

私は自在に合成でき、やさしく学べる国際語を喋るエスペランティストである。英語での商標登録が年々難しくなっていて、スワニーバッグの商品名は、英語に近いエスペラント語を採用している。世界で100万人しか使っていない言葉なので、まだまだガラ空きの世界だ！

四輪ストッパーの誕生

新製品は、常に、お客様の声から生まれている。車輪に対し「走り過ぎです。ブレーキが要ります」と言われ続け、とうとう二輪と四輪ストッパーが誕生した。

電車内で停めるには、四輪を完全に停めねばならない。私がJR高松・徳島線を何度も往復した結論で、一輪でも回ると走り出す。自在キャスターの四輪を停めるには、ノーベル賞なみの技術が必要だ。そんな難関を修理部門の橋本吾朗君の執念で、4つの車輪を直角にしてけん制させ、停止させる新技術が誕生した。

ただレバーが上部にあり、腰をかがめないと操作できない。ハンドルを握ったまま効かせるのが最善だが、首振りキャスターの特性上、数々の難問が控える。だが不可能を可能にしてきたのがスワニーだ。総力を結集して挑戦し続けたい。

「車輪が大きくなり、溝に落ち込みにくくなって喜んでいます。さらにストッパーが付き、改良された新しいバッグを買うのが楽しみです」（大田区、K様）

「ストッパー付で不安が解消しました。音楽のボランティアですが、ウクレレ、譜面台などが走ると倒れるんです。でももう安心！」（小田原市、K様）

両手にスワニーバッグ

私と同様に、左右のスワニーバッグに支えられて、生活している方も少なくない。階段でも一段一段交互に引きあげ、一段一段降りることが可能だ。車いすは段差にはお手上げで、私にとって車いすを超える価値がある。次が実例だ。

「両膝が人工骨ですので、左右のスワニーに支えてもらっています。同時に荷物も運べ、日々感謝の気持ちで一杯です。ありがとうございます」（品川区、I様）

「杖だけだと100メートルが限界でしたが、2個のスワニーを併用して幾らでも歩けるようになりました。本当にすごいバッグです」（船橋市、Y様）

車輪をより大きく

ご要望にお応えし、２０１３年度に75ミリメートルキャスターが完成した。「車輪を大きく」とのご要望が多く、45ミリメートル、50ミリメートル、60ミリメートルへ、そして75ミリメートルへと進展してきた。大勢から「75ミリメートルに交換してほしい」と希望されているが、一つだけ75ミリメートルに変えられない機種が存在する。

スワニーバッグは電車内、機内などで支え続けねばならない。方向転換時に車輪がぶつかるために75ミリメートルが限界だ。１００ミリメートルも可能だが、バッグ幅を広げねばならず、狭い所で体が支えられなくなる。悩ましい限りだが「車輪を大きく」の声に、最大限応えていきたい。

「やがて15年になりますが、いつでもどこでもスワニーバッグと一緒です。車輪が大きくなり歩きやすくなりました。本当に感謝しています」（金沢市、S様）

「大きい車輪に替わり、凸凹道でも歩きやすくなりました。用途に合わせて3台使っていて、この子が毎日私のお供をしてくれています」（杉並区、N様）

静かなキャスター

2番目の不満は、「もっと静かな車輪にしてほしい」だ。挑戦し続けている重要課題だが、「キャ

スターが静寂です」と言われている一方で、まだまだ改良が必要だ。
「バッグ、リヤカー、引き出しの役目を果たしてくれている。小さくて、軽くて、格好いい。しかし、もっと静かな車輪ができないものか」（神戸市、K様）
「私は足が不自由です。杖よりもスワニーが楽です。75ミリメートルは初めてですが、もっと音が静かなキャスターを期待しています」（名古屋市、Y様）

より軽いキャリー

身体を支える強度を保つために、劇的に進まなかった難題だ。最重要課題として、私の命のある限り挑戦し続けたい。
「三半規管の病のため、スワニーに導かれて、いつでもどこでも頼りにしています。体力がないので、もう少々軽いと本当に助かります」（大田区、Y様）
「バスと電車で日本画教室に通っています。道具箱が全部入って支えられ、最高のお供に巡りあいました。だが、あと少々軽くならないでしょうか」（練馬区、T様）

緊急サービス

わが社では、3人の技術者が車輪や把手を交換し、パイプを繋ぐピンなどを修理して、1週間以内にお届けする。全社員が「そんじょそこらのバッグではない」と自負しているからだ。電話担当もその場ですべてを解決している。

ある店で、「修理に1週間かかります」と答えると、「スワニーなしでは歩けません」と訴えられ、代わりに売物を持って帰ろうとされたという。以来「貸出用フレーム」を常備しているそうだ。

「2台目を元通りに直していただき、ありがとうございました。日々、外出に欠かせない私を支える恋人です。妻でもスワニーに勝てません」(神戸市、Y様)

「予想より数日早く修理品が届きました。新品のように隅々まで掃除され、新車のようになりました。感謝！　感謝です！」(枚方市、K様)

ご要望にお応えして

今後取り組むべき課題として次のコメントを列挙し、目指している項目を公開します。

「杖や傘の収納受けがほしい。それらの先端用だけでもいい」(世田谷区、K様)

「ハンドルに、買い物が吊れるフックを付けてほしい」(新宿区、H様)

「Sを買ったが、本当はもっと小型がいいのです」(梅田、H様)

ロイヤルカスタマー

大阪のバッグ店「ラブリー」さんの宇城恵正（うしろしげのぶ）社長は、自称〝スワニー博士〟で有名だ。すべてのお客様に30分かけて特徴を詳しく説明していただき、10年を超える台帳には1000名以上が記録され、誰がいつ何を買われたかが、一目瞭然だ。日本一のスワニーバッグの販売店さんとなり、値引きもポイント加算もなく、すべて正価販売されている。

2014年には、ザ・ドリフターズの高木ブーさんがスワニーに来訪。すでに廃盤の「ティノ」を押して「ワー、一杯ある！」と感嘆。小型ばかり見られ、一番小さいものをご注文。スワニーバッグ6台をTPOに合わせてお使いいただいているというへビーユーザーだ。ハワイでは「どこで買ったの？」とよく聞かれるという。「毎日、丁寧に掃除をしてから使っている！」とのお言葉に、こちらも感謝感激している。

アジアの国々へ

2012年、シンガポールの老舗百貨店「メトロ」のオーナー、ウォン女史が来日した。彼女が東京でスワニーバッグを見て惚れ込み、即座に母親と自分用に2個買い求めた。その後もショッピング、旅行、散歩などのためにたくさん購入いただいた。

その後、ご自身のシンガポールの百貨店で、スワニーバッグが売り出された。運賃や輸入税がかさみ、価格は日本の1・5倍になったが通算1万本も売れ、老齢の富裕層にいきわたりつつある。マレーシアやインドネシアなどの人も、まとめ買いして持ち帰るという。

そんな事例から、香港や台湾、中国大陸に販路を広げ、大中華圏（グレーター・チャイナ）への進出構想を推し進めている。

バッグ診断会

スワニーユーザーに向けた「バッグ診断会」は、2017年から始まり、全国の13会場で開催され、2020年の末までに80回を超えた。

会場の一つは東京の京王デパートで、川谷大樹（ひろき）係長が中心になってユーザーと接する。「ハンドルが下りなくなった」「高さが調節できなくなった」「車輪が摩耗した」などの要望が出される。そして、「角が摩耗したら、車輪を交換してください」とお願いし、「旧ベースにもストッパーが付く品種がある」と紹介する。まれに深夜まで大忙しで、「そんなに汚れてまで、修理してくれてありがとう」と、お客さんから大判焼きを頂戴したこともある。

スワニー独自の診断会を心待ちにしているユーザーさんが、全国各地で急増している。

車いすの小型化へ

2003年、良い方の左足が弱ってきたために、香川県立白鳥病院で診てもらった。「ポストポリオ症候群（PPS）に罹っているので、すぐに車いすに乗りなさい」と宣告され、以来、3年間車いす生活を余儀なくされた。

しかし、疑問を感じたので、PPS権威の東京慈恵会医大の米本恭三先生に診断してもらった。東京のクリニックで6～7名の患者さんが、私の顔を覗き込んだ。「もしや、スワニーの社長さん？」と尋ねられた。何と4人がスワニーバッグを持っていたのだ。会話中、順番が来て米本先生が顔を出し、「三好さん」と呼ばれた。それまでは、看護師さんが呼んでいたのに！

開口一番、「スワニーバッグの開発者が来られるということで、楽しみに待っていました」と歓迎される。ありがたいことに、先生から患者さんにスワニーバッグを勧めてくれているという。

さらに、「三好さん。ご自分の足で歩けるのでしょう。歩けなくなるまで、車いすに乗ってはいけません。筋肉が弱ってしまいます」と有難い忠告を受けた。以来15年間車いすではなく、スワニーバッグを両手に歩き続けられているのは、米本先生のお陰だ。

3年間の車いす生活で苦労したのは、車いすが大き過ぎて机や扉に突き当たり、タクシーのトランクに乗せるのが難しかったことだ。また足置きが邪魔して洗面台にも近づけない。

フランスやポーランドでは、2人乗り用のエレベーターに入らず、1階に車いすを残して相手を訪問した。また、タイヤがパンクして自転車屋に駆け込んだが、日本の規格と合わず、車輪ごと日本から取り寄せるのに4日も待ったりした。

一方、車いす生活を送ることで人の優しさも感じた。欧米で階段や石ころ道にさしかかると、たちまち数名の人が寄ってきて、両脇から車いすごと抱え上げて運んでくれる。また、空港職員は、乗ったまま殆ど水平になるほど後に倒し、前輪をバスに突っ込み、数秒で乗車させてくれた。背負って機内に運んでくれたりもして、感謝することしきりだった。それと同時に、大き過ぎる車いすに対するユーザーの悩みを実感してきた。

あれやこれやの経験から、小さく畳める車いすを自ら作ってみようではないか、と次第に大志を抱くようになった。

そう、3年間の車いす生活も、決して無駄にはならなかったのだ。

80年ぶり、半分以下のサイズに

自宅や旅先で、車いすの幅を狭くする図面を描き続けた。数年間悩み抜いたのは、椅子の座席シートを挟まないX金具だった。図面を描いても描いても解決せず、月日は過ぎていった。

2005年、NYへの機内で、幅を狭くするためにグラフ用紙上にX金具を「乂」の形に丸め

全長が
30cm
短く

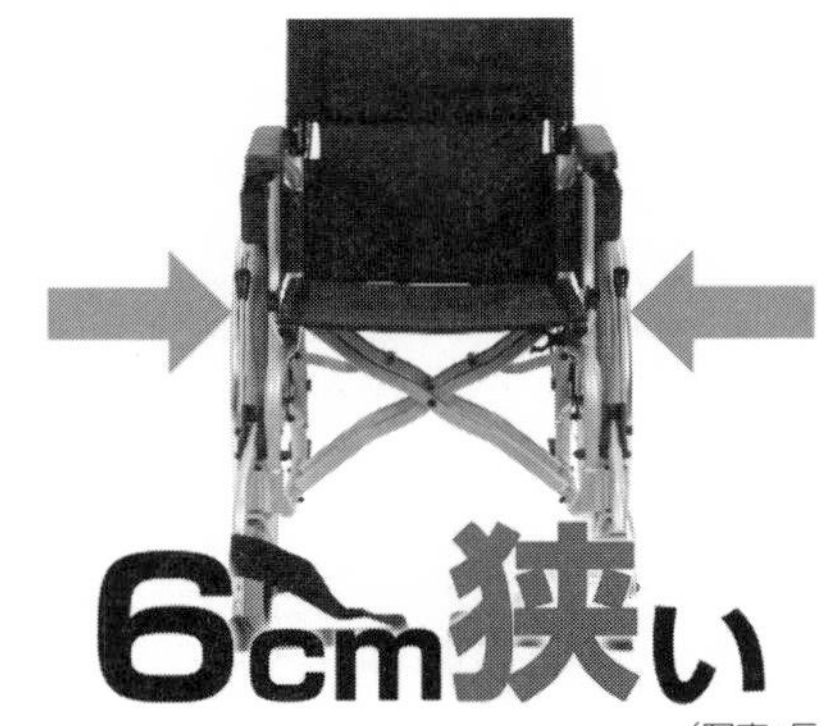

（写真：長町和男）

てみた。そして下部を内側に戻したところ、上部の湾内に座席シートが完全に収まり、7センチメートルも幅が縮まることがわかった。X金具を湾曲させることで、関門を一つくぐることができた。

次は、ブレーキをハブ内に収めて、車輪幅をさらに狭くすることだ。市販品はハブにブレーキを抱き合わせていたので、幅が広くなった。そこで、度々車いすの供給国の中国を訪れ、ハブ内ブレーキの生産メーカーを探した。東莞市の有力メーカーを見つけて、金型代に約一千万円投資し、市販品より３センチメートル狭い７センチメートル幅のハブを作って、左右で６センチメートル狭く畳めるようになった。結果、湾曲のＸ金具で７センチメートル、ハブ内ブレーキで６センチメートルの計13センチメートル狭くなり、市販品の35センチメートル幅が、22センチメートルに畳める画期的な車いすが誕生した。

次の課題は、足置きの収納方法だ。上に跳ね上げるか、車いすの下部に収納するしかない。図面を描きつつ検証していったが、足置きスペースが無くて収納タイプは諦めた。

しかし、残った跳ね上げタイプは、前から、上から、横から足置きが接触した。接触部分を図面に描いては、ベッドに潜り込んで考える。数々の閃きを重ねてミリ単位で縮めてゆき、数ヵ月かけて全長が30センチメートルも縮められるようになった。

湾曲Ｘ金具とハブ内ブレーキで13センチメートル狭く畳め、跳ね上げ足置きで全長が30センチメートルも縮小され、畳んだときの体積が、市販品の２２０リットルから１００リットルへと２分の１以下になった。

１９３３年、米国のＥ＆Ｊ社がＸ金具を発明し、それまでの半分の体積に畳めるようになってから約80年の歳月が過ぎた２０１４年、スワニーがそれをさらに半分に縮める車いすを製品化した。とうとう、車いすの歴史を塗り替えたのだ！

タクシーのトランクにも楽々と２台乗り、乗ったまま洗面台に近づけて、狭い玄関に置け、宅配料も半減する。走行時には市販品より６センチメートル狭く、大半の自動改札口も乗ったままで通れる。

先願特許をはねのけて

しかし、この画期的な車いすが世に出るまでは、いくつもの大きな壁を乗り越えなくてはならなかった。壁は、開発だけではなく、製品化して販売に到るまでの道のりにも待ち構えていた――。

2006年の夏、いよいよ発売という段階になって、特許庁から湾曲したX金具の特許に先願があり、「特許は認められない」と言ってきたのである。すでに10台が完成し、マスコミでもデビューしていたのに、まさかの展開で絶体絶命の窮地に追い込まれてしまった。

すぐに経営会議を開き、「新規参入者が、特許なしでは勝ち残れない」との結論に達し、完成した見本は処分し、撤退することにした。マスコミには事情を通知して回った。

だが、車いすの体積を半分以下にした80年ぶりの小型化は、ユーザーに計り知れない朗報なので、残念で残念でたまらなかった。そこで、一刻も早く世に出すことを優先し、某大手メーカーに商品化権を譲ることにした。私が訪問し、「障害者のために、新技術を無償で提供します」と伝え「早く市場に浸透させてほしい」と図面を置いて帰った。

ところが、いつまで経ってもその車いすは発売されなかった。

堪忍袋の緒が切れかけた2年後、同社から前向きの年賀状が届いた。一時安心したものの、待てど暮らせど朗報は届かない。健常者だった同社の社長には、車いすの小型化が、軽量化と同等の巨大ニーズだというのが理解できなかったようだ。

体験に根ざした深い思いをどうしても実現したい！――この夢に向かって２０１２年、私は再度動き出した。特許申請にたずさわった豊栖康司弁理士と、名案はないものかと何度も協議した結果、先願特許に抵触しない第二案が誕生した。深掘りすることで、思わぬ技術が生まれるという体験だった。顧客開拓と同様「諦めない執念」が成果を生むということだ。

本業の手袋と車いすは、遠く離れた商品だ。

が、幸いにスワニーバッグも、主に中国に依存し、手袋と生産工場が重なっている。そして、バッグも車いすも、生地加工と、アルミや樹脂加工を経て完成する。その生地、アルミ、樹脂業界もまた、バッグや車いすと繋がっている。

設計は、力学や幾何学の分野だが、バッグや車いすは、部材の強度やその構造によって出来が決まる。そして、何よりもバッグや車いすメーカーの常識を聞き出し、それらを逐一検証しながら、非常識を追求してきた結果、ついに今日の製品化が実現した。

そんな遠回りをしながらも何とか２０１４年に再デビューを果たしたのが、車いす「スワニーミニ」なのだ。

世界初！　ポケット付き車いす

発売後2年目には、ユーザーからポケット付きの希望が届いた。

40数名に電話をかけたところ、岡山県の奥村信二さん曰く。肘掛け付近に「鍵、眼鏡、スマホのポケット」が必須だ、と。「はい」と答えるまで電話を切ってくれなかった。

現状は「座席下にバッグを吊り、股の下に手を入れ、ジッパーを開閉して物を出し入れしています。足や腕が弱い私たちには困難な作業なんです」と。

「三好さんは支えるバッグの発明者でしょう。車いすのポケットは、大勢が待ち焦がれています。必ずヒットします。頑張って！」と説得された。

結果、駆動輪の上前部の肘掛けの左右に、世界初の小物用ポケットが付いた。

「驚愕の22センチメートル幅に圧倒され、車に積み易く本当に助かりました。今までで一番快適で、介助者にも押しやすかったです」（江東区、S様）

「上にあげた前輪を後部座席に押し込み、後ろから後輪を押し上げると、一人で乗せることができました。またノーパンクなので、空気の心配がいりません」（新宿区、S様）

「車のトランクに楽々と2台積めてまだ余裕があり、トイレにも入り易かった。ポケットに道具を入れ、足置きを跳ね上げて、庭いじりをしています」（愛知県、M様）

ユーザーとの対話は、車いすでも続いている。

漫画で広くアピール

前章に登場した、人材採用で活躍している上田芙美さんは、漫画を描くことが趣味だという。さっそく、スワニーバッグとスワニーミニの開発ストーリーを漫画化してもらうことにした。すると彼女はその場でサラサラと描きはじめ、それぞれ8頁の漫画ができあがった。

小学校から来た見学者に披露したところ、説明そっちのけで読んでくれ、「これは面白い」と口々に言う。本書で詳述してきたような少々難しい開発ストーリーを、「漫画で」子供にもわかりやすくしてくれたのだ。

この漫画は、日本語だけでなく、今では英語や中国語に翻訳され、海外での営業活動に大いに役に立っている。

スワニーのモノ作りへの熱い思いを、漫画の力で補強してくれた。

経営全般

ようやく〝脱手袋〟の道筋を掴んだスワニーの、経営の全体像を眺めてみたい。

会社の成績を表すのは、損益計算書（PL）と貸借対照表（BS）である。前者は年度ごとの売上や収益を表し、後者はその時点の会社の力を表す。部門別に、PLとBSの月末と3ヵ月先の予測をベースに議論し、安全運転を目指している。さらに、各部門から出た検討課題なども含め、毎月2回終日かけて、拠点を繋いだオンライン会議により方針を決めている。

年商は、1980〜2000年に30〜45億円、2000〜2020年までは、40〜50億円と長年横ばいだ。後半にはバッグが約12億円に増えてきたが、それだけ手袋が落ち込んだことになる。が、幸いに日本でも2018年から手袋生産日本一になった。加えてスキー手袋で7年続けて1位を保った、アメリカでの約10億円が加わる。

本業の手袋では、大手顧客の注文で競争力が保てそうだが、インドネシア、ベトナムなど家族ぐるみで工場管理するアジア勢が設備を増強しており、多品種少量生産での生産性向上や、年中稼働体制のためにもひと踏ん張りが必要だ。春夏スポーツ市場の開拓という、温暖化への対応も待ったなしだ。

2000年頃まで、30%以上あった粗利が下がってきたことが心配だ。が、独自の商品を出し続け、2018年に国内や欧州に投入したスワニースキーやエルマーブランドが育てば、挽回のチャンスはあるだろう。さらに、アメリカでのスキー手袋が復権できれば、日本でファッション・スポーツ手袋のODM（相手先ブランド）供給メーカーとして活躍できる。

それではバッグや車いすはどうかというと、バッグは、自在キャスターを止めた世界初の四輪ストッパー、独自のバッグと台座への取り付けフックなどから、競争力を保てそうだ。さらなる機能性、軽量化、デザイン性の向上が課題だ。

一方、市販品の半分の体積に畳め、調理台に接近できる車いす「スワニーミニ」は、小さい購買市場だけで毎年約1000台売れている。9割を占めるといわれるレンタル向けは、2020年にお目見えする。

この「スワニーミニ」は、季節商品から脱皮できて、今後、収益性も高いものとなることが予想される。世界一のコンパクト性に加え、駐車スペース・海上運賃・宅配料が半減し、環境に優しい目玉商品になるだろう。日米中で特許を取得しており、中堅企業への飛翔も夢ではない。

園遊会に招かれて

2013年、「支えるバッグ」を発明した私は、「旭日双光章」を受章した。

東京赤坂御苑で行われた秋の園遊会に招かれ、皇族一人ひとりから労いのお言葉を頂戴した。天皇陛下とは至近距離で目を合わせ、微笑されつつ会釈して通り過ぎてゆかれた。陛下と腕を組まれた美智子皇后は、溢れんばかりの慈愛に満ちた表情で、私のスワニーバッグをご覧になり「大

丈夫ですか？　お大事になさってください」と、おっしゃった。

雅子さまがご欠席だったためか、皇太子さまは少々寂しそうだった。秋篠宮さまご一家はニコニコされながら、紀子さまから眞子さまへ、三笠宮彬子さま、瑶子さまへと続かれた。高円宮妃久子さまが、名札をご覧になり、「スワニーさん！」と少々驚かれたご様子だった。ご長女の承子さまに続いた典子さまから「車いすにお座りください」と、お声を頂戴。皇室ご一家の、はかり知れない重さを感じた一日だった。

フィギュアスケートの羽生結弦選手にあい、妻と末娘の優子（車いす係）が一緒に写真におさまった。

そこに一人のご婦人が寄って来て、「私、スワニーさんの大ファンです。母がスワニーバッグに救われていて、私も使わせてもらっています。足の悪い母に代わって参りました」と。思わぬスワニーファンの登場に心底ビックリ。

苦しみ悩み、一時は死にたいとまで思った右足の障害――しかし、それゆえの逆転劇で、大勢の方々に喜んでいただける「スワニーバッグ」が誕生した。

そしてポストポリオ症候群に罹って、世界最小に畳める車いす「スワニーミニ」が完成し、そのうえに、スワニーバッグをご存知だった皇室の方々とのご面会が叶い、晴れやかな運命に胸が一杯になる一日だった。

断食療法の科学

断食に魅せられて

私が43歳になった正月、風邪をひいて県立白鳥病院に飛び込んだところ、「慢性腎炎です。すぐに入院してください」と宣告された。

入院中、次兄の和昭(よりあき)から、甲田光雄医学博士の書いた『断食療法の科学』が送られてきた。それには「断食や少食によって血液循環が早くなり、すべての病が好転する」と説かれ、その強烈な説得力に惹き込まれてしまった。

甲田先生は生来の甘党で、ぜんざいをたらふく食べて育った。やがて内臓をことごとく痛め、慢性の胃腸病や肝臓病に罹ってしまう。こりゃアカンと阪大医学部で現代医学を勉強し、後に自分の治療にも専念したがさっぱり治らない。七転八倒のすえ、西勝造が編み出した「西式健康法」に行き着く。養生中「死んでもいいから甘い物を食べたい!」ともがき、甘納豆や羊かんをむさぼる。そんな餓鬼道に陥ったすえ、たどり着いたのが断食だった。

著書には「煩悩即菩提」とある。人間、悩みがあるから救われるのだ。経営者とは毎日が刃の上を歩いているようなもので、真剣勝負の連続だ。男だから煩悩の炎が燃え出すこともある。ガンジーやお坊さんたちが、精神修養のためにやったという断食とやらに、僕もいっぺん挑戦してみたい。ひょっとして腎臓病が治るかもしれない! という望みも募ってきた。

奇妙な断食道場

門を叩いた「甲田医院」は、実に奇妙な病院だった。薬は「毒を調合したもの」として全く出さず、注射器もない。白衣の天使もおらず、ツーンとくる消毒液が匂わない。甲田先生と女房役の事務長、栄養士さん、炊事の人たちだけできりもりしていた。ここで学んだ甲田医学を実践すれば、ガン患者が生還し、薄毛頭に黒髪が生え、筋ジストロフィー症の生徒が運動会でトコトコ走り出すという。

患者さんを見ても病人らしくない。まるで運動クラブの合宿風だ。20畳ほどの中央ホールでは、体を時計の振り子みたいに左右に振る人、両手を天に突きあげブルブル振る人たちが20数人いた。やってるやってる。あれが「西式健康体操」だ。

「あなたはどこが悪いのですか？」「リュウマチに苦しめられてねぇ！」と答える人。「ガンです」と一言の人も。現代医学では「治りません」と、宣告された人たちばかりだ。

ホールの左には、小さい畑「甲田園」があった。青々と繁った葉っぱがみずみずしい。生野菜療法の「青ドロ」はこの畑からのものだった。

宿便を出す

入院した日の昼食は、玄米粥を茶碗に半分と、豆腐半丁だけだった。「エッ！　これだけ？」と仰天する。天然塩だけで味付けした玄米と豆腐は、慣れ親しんできた「娑婆（しゃば）の味」とかけ離れていて、正直いって閉口してしまった。それでも数日で慣れてきて、お腹がすいていることもあって、「おいしい」と思うようになっていく。

1週間ほどで、こわごわ11日間の「すまし断食」に挑んだ。ホウレン草、レタス、チシャなどの「野菜ジュース1合」が朝食だ。煮干し汁に醤油と黒砂糖で味付けした「すまし汁」を昼と夜に1合ずついただいた。加えて、生水とビタミンの入った柿茶は、断続的に1・8ℓ（リットル）を毎日飲んだ。しめて日に150kcal（キロカロリー）ちょっとだ。

私は毎日2回ほど便意をもよおし、茶色い砂状の宿便がひと握りずつ出てきた。数日分を足すと洗面器半分ぐらいだろう。誰でもバケツに半分ぐらいの量は貯め込んでいて、「三好さんはまだ3分の1しか出ていませんよ」と先生はおっしゃる。宿便とは、消化量以上に食べ続けて滞留した排泄物のことだ。胃腸内の宿便のガスが、血管を通じて身体をおかす「万病の元」だという。

4日続けても、「すまし断食」という入門編が予想外に楽だったので、宿便を出し切りたい欲も出てきて、「先生、15日でも20日でもやりますよ」と投げてみた。「ラクなんは塩が入っとるからや。試しに2日間の『本断食』をやってみい」と言われてしまった。

水と柿茶しか飲まない本断食に入ったら、ガックリきてしまった。体を起こすのもしんどい。本を読むのがやっとだ。塩抜き砂糖抜きは、ものすごくしんどいものだ。「箸を持たない断食」は、一日が本当に長く、耐えがたさが身にしみた。

私は朝から晩まで読書を続け、お腹の虫を抑え込んで9日過ぎた。「あさってから玄米食ですよ」と甲田先生から告げられた瞬間、お腹の虫がギュウギュウとうめき始めた。どこからかカレーや焼飯の匂いがしてきて、親子どんぶりが浮かんでは消え、天ぷらそばが消えては浮かんだ。まる2日間、食べ物のことばかりに頭が占領されて抑えられなくなり、わが身の貪欲さにトコトン参ってしまった。そうして、待ちに待った11日間の断食が満了した。

とうとうやり切ったぞ！　私は「バンザイ」を叫んだ。

小柄な上に右足が細いために、体重は10キロ減って43キロに痩せこけていた。腸捻転を心配するためか、先生は回復には慎重だった。玄米の3分粥から5分粥へと回復食をいただきつつ、「先生、腹ペコでたまりません」と泣きついた。「体重を見てみい。毎日0・5キロも増えているじゃないか。三好さんが大飯を食い過ぎてきたんや」といなされてしまった。

4日かけて、徐々に日に1650キロカロリーの玄米ご飯にもどした。朝食は50キロカロリーの1合の野菜ジュースだけで、昼、夕食は、800キロカロリーの季節の生野菜、アジの塩焼き、冷ややっこ、海藻類と玄米ご飯だった。それらが握り寿司や茶碗蒸しのように光り輝いていた。人間、空腹ぐらい謙虚になれることはない。この瞬間にも「痩せこけた子供たちが満員の地球だ」と思い直した。

毎日、食事の時間が待ちきれないほどお腹がすいた。33日間の入院中に、標準食の7日分しか食べていないが、宿便が減っただけ胃腸の吸収がよくなり、退院時は47キログラムに回復していた。

次は、私が食前に唱える出口すみ二代教主の食前の短歌である。

天の恩　土のめぐみに生まれたる　菜の葉一枚むだに捨てまじ
一つぶの　米の中にも三体の　神いますこと夢な忘れそ
火のご恩　水のおめぐみ土の恩　これが天地の神のみすがた

24時間フル稼働の入院生活

毎朝5時、腕時計がピッピッと鳴って飛び起きるのが入院生活の一日の始まりだ。寝具を片づけて洗面所へ。「おはようございます」と明るい挨拶がかわされる。

ベッドに正座し、京都府綾部市にある大本の「みろく殿」に向かって「天津祝詞」を奏上した。そして「日々断食や少食を体験させていただき、誠にありがとうございます。どうか『一つの神、一つの世界、一つの言葉（国際語）』が進展しますように」と祈願した。

ニガリ製の天然の下剤「スイマグ」40ccを、毎日コップ1杯に薄めて飲み干した。宿便を早く出す促進剤だが、別に薬ではない。

朝の5時半から6時までは裸療法だ。窓を開けて大気に肌をさらし、布団をかぶる。また裸になる。そして布団をかぶる。そのくり返しで裸の時間を徐々にふやしていく。皮膚を強くし、たまった一酸化炭素を追い出す効果があり、毎日続ければガン治療に著効があるという。

ここで、私が普段着で毎日1時間励んでいる、西式健康体操を紹介する。

1、金魚運動200回＝上向きで、首の下で両手を組み、金魚のような腹筋運動。
2、毛管運動2分＝上向き、両手両足を垂直にあげて、ブルブルと震わせる。
3、合掌合蹠(がっしょうがっせき)運動200回＝上向き、両手を祈るように、両足と共に伸ばしたり縮めたり。
4、背腹運動200回＝正座で股を広げ、手は後ろで組み、振り子のように体を左右に振る。
5、11種の首振り運動20回ずつ＝左、右、前、後、左や右に回す。

ほぼ20分かかる1から5までの運動を数回、先生は毎日続けてほしいという。かなりのエネルギーを消耗するが、終わると全身に力がみなぎって生き返った気分になる。

就寝用のベッドは、事務長から「背骨を真っすぐにする平床ベッドです」と説明を受けた。「エッ、こんなに薄い布団？」と半信半疑で、厚さ1センチメートルほどのペラペラの敷布団をめくりあげると、下はベニヤ板のコンパネ1枚だった。

そこで寝ると、背筋が真っすぐに矯正され、肝臓、腎臓、腸の働きを促進するという。だが背骨が痛くて全然眠れなかったので、昼間の読書中だけにして、夜は薄い敷布団3枚を敷いた。救いは上布団がフワフワと厚みがあったことだ。

さらに「少々辛抱が要りますが」と、初めて半円形の木枕を見せられて驚いた。首筋を円形部分にあてて寝ると、体重に押されて血液循環が速まり、頭寒足熱の状態となり、頚椎が矯正できて安眠を誘うという。カチンカチンの枕に慣れるのに、1ヵ月かかってしまった。

夕食後は、全員が楽しみにしていた温冷浴だ。地下水を汲みあげた年中15度の水に1分間首まで浸かって、1分間湯に浸る。湯と水をくり返し、水に5回入り、湯は4回で、最後は水から出る。温冷浴は血液の循環を一気に速め、疲れを癒す即効力があり、とても気持ちのいいものだ。サウナと原理は似ているのでお馴染みの方も多いだろう。

甲田医院では、送り込んでいた出口王仁三郎著の『霊界物語』40巻を読み、さらに池田大作、甲田光雄の著書や、キリスト教、成長の家、仏教の宗教書、はたまたガンジーの健康論まで合わせ55冊を読破し、いつもよりも充実した入院生活を送った。

相棒は京大生

2人部屋で、私の相棒を務めてくれたのは、京都大学文学部の学生だったI君だ。33日間私は読書を続けながら、どうやって彼を激励したものか考えあぐねた。

よく読めない漢字を、たびたび彼から教えてもらったものだが、残念なことにI君は意思が弱い。断食中、日がな一日料理の本を開き、焼き鳥や天ぷらの写真を眺めているではないか。

胃潰瘍や腸カタルを治すための入院なのに、甲田先生の目を盗んではケーキを買ってきて、「三好さんも食べませんか?」と、悪の道へ誘うなんて。「いらん。いらん。僕を殺す気か!」と語気を強めたら、I君は大急ぎでほおばっていた。案の定、翌朝は猛烈な下痢だ。

I君、何事も一度志した以上は、最後までやり通す一念がなかったら、天も味方してくれんよ。「社会に甘えるな、甲田先生に甘えるな、ご両親に甘えるな、頭脳明晰で優しい君だからできるよ!」と、檄文を残して退院したのだが、その後いかがだっただろうか。がんばれI君!

朝礼に学び

甲田病院の名物、朝礼は、毎日雨が降ろうと槍が降ろうと朝の7時半から始まる。みんなはノートにメモを取ったり、録音したりで大学の講義風景さながらだ。

12室の全員24人が手をあげて合掌し、お坊さんが唱える「五観の偈(げ)」を唱和して、厳しい断食や少食を誓い合う。次いで「異常のある方はいませんか?」と、甲田先生が満面の笑顔で問いかけた後、「えー、玄米には水分が15・5%に蛋白質が6・8%、脂質が……」と始まる。

玄米は食べ物の王様で、玄米の表皮と胚芽には、ビタミンやミネラルの95％が集まっているという。

白米に比べて、灰分・カルシウム・リンが約2倍、カリウムや脂質が約2・3倍、繊維や鉄分が約3倍、ビタミンB1・B2が4倍も、多く含まれている。黒砂糖には灰分・ナトリウム・カルシウムやリン・鉄分が、白砂糖より約3〜90倍も含まれている。

鉄分は身体の成長のために大量に要し、カルシウムは毎日1グラム必要だ。カリウムは肝臓の老廃物を追い出すため、ビタミンB1は糖尿病の予防などに必須だ。ビタミンB2は肌荒れなどを防ぎ、ナトリウムは生命維持に不可欠だ。リンは骨や歯の原料となる、など次々に学んだ。

カルシウム・マンガン・鉄分などが豊富な赤穂の甘塩や岩塩を使うよう、言われた。国が供給する塩化ナトリウムの塩水では、アサリでも生きられないという。

白砂糖は、カルシウム泥棒なので使わないことだ。大人ならせいぜい1日に30グラムが限度だが、黒砂糖だと90グラムまでOKだ。さらに蜂蜜ならば100グラムまで糖害を受けないということだった。

入院者たちに学び

先生の講義の後で、入院者が体験談を語っていく。

ある日の朝は65歳だった連金之助（むらじ）さんだ。

リュウマチと高血圧で7年間苦しみ、生菜食（なまさいしょく）を17日間続け、宿便が出てきた。高い方の血圧が198から143に、低い方が125から93へ。いっぺんに高血圧が治ってしまった。それまでの視力が0・2で、眼鏡なしでは辞書が読めなかったのに、0・8まで回復していた。

その数日後、白斑（はくはん）病のために幼少期から肌が白くなり、大学病院を転々とした島本久美さんの話を聞いた。ある夜、「このままじゃ、あの子をお嫁に行かせられん」と、隣の部屋から両親の声が聞こえてきたという。そして病院では、インターンや看護師さんの前で、裸の写真を撮られて涙を流した。その白斑病が「生菜食療法」で治ったと聞いて、来たという。似たような体験を私も幼少時にしているので、この話に泣かされた。

77歳だった河村如子さんは、生菜食を始めて55日目に「白髪の中に黒いのが1チ（センメートル）生えてきた」と言い、甲田先生が接写した。日々驚嘆する実例を見せつけられ、朝礼が待ち遠しくなった。

小学校教師の藤田道明さんは、自らを「病気の百貨店だ」と称し、阪大から甲田先生を紹介された。3度目の断食中「コールタール状の便を約1合に、ウズラの卵状のものが70個も出てきた」と披露。蜂の巣状の腸壁にそれらが住みつき、栄養が吸収できなくなっていたという。宿便が出てしまった途端、「生まれて初めて健康感を味わった」という彼の笑顔が忘れられない。

膀胱ガンを治すために生菜食中だった、大学教授・武者宗一郎さんの話も聞いた。多くの登山家は、無菌の尿を命の水として飲んでいて、白血球を増やしたり、病原菌を殺したり、血をサラサラにするという。これには驚いた。

朝礼後、24名が揃って15種類の「西式健康体操」を、毎日1時間続けた。

生菜食で腎炎を治す

退院の際、「生菜食で腎炎は直ります」と甲田先生から太鼓判を押され、帰宅後、すぐに実行。朝食は、半合の水で季節の野菜類をミキサーで回したジュースだけ。お昼と夕食は、生の「野菜サラダ」「玄米粉」「大根」「人参」「山芋」に「甘塩4グラム」だ。１食分が５００キロカロリーで、50キロカロリーの朝の野菜ジュースを含めて1日１０５０キロカロリーとなる。

昼夕食は、２５０グラムの野菜ジュースを飲み、70グラムの玄米粉をスプーンで口に注ぎ込むと、旨くはないが独特の風味がある。人参おろし１２０グラム。大根おろし１００グラム。山芋おろし30グラムに、天然塩を４グラム振りかけた。まさに兎のエサそのもので、決死の修行食だ。昔、1週間の夜行列車に耐えた父でさえ、「そんなに効くならワシもやる」と始めたが、「喉に入らんわ」とたった3日で匙を投げた。

アジの塩焼きのない、大根おろしだけの皿では全く味気なかった。１２０グラムもの人参おろしも、見ただけで喉がゲブゲブいって反抗した。しかし、塩をふりかけた山芋は、お馴染みの美味しさだし、野菜ジュースはいつもと変わらない味だった。

そんな修行食を続けながら、地元の鎌田医院で血尿と蛋白を調べてもらい、毎月甲田先生に電話で報告した。1ヵ月、2ヵ月、3ヵ月経っても好転しない。もう「我慢の限界です」と訴えたら、「比叡山の千日回峰行(せんにちかいほうぎょう)だと思って、あと数ヵ月頑張れ」と叱咤激励された。その予言どおり、6ヵ月目から血尿と蛋白がへり始めた。忍耐をかさねて、9ヵ月目で完全に腎炎は消滅した。

私は「万歳！」と叫んだ。

しかし、体重40㌕に痩せこけていた。甲田先生からは、「理解できないので、医者には言わない方がいい」と指示されていたのだが、嬉しさのあまり、「生菜食療法なるものを、9ヵ月間続けました」と医師に告白した。とたんに、「そんなの関係ないよ」と案の定、否定されてしまった。その数年後に、その先生は若くして肺がんで亡くなられた。

毎日2000㌔㌍以内

あの断食から38年も経った。

今の私の朝食は、人参1本のジュースと伊藤園の紙パックの「1日分の野菜ジュース」に、違反だが玄米食パンの1枚だけだ。

昼、夕食は茶碗1杯の「玄米ご飯」と「豆腐や豆類」「シシャモのような頭から食べられる小魚」「海草類」「野菜や根菜類」の5種類の料理以外を食べないよう努力している。それらの2食で約1600㌔㌍となり、玄米パンの朝食をたすと日に約1800㌔㌍だ。

玄米は、3時間ほど水に浸けておくと、圧力釜で美味しく炊ける。5種類の食べものを続けると、茶色いバナナのような便が気持ちよく出る。少食、正食、全身運動による健康を目指さないと、眼や鼻や耳など局部の病気も回復しないという。

魚もふくめて動物性蛋白をとればとるほど、黒く、臭く、ねばく、便秘がちとなり、内臓疾患の原因になるという。特に肉は「血を濁すので極力食べないように」と言われている。

甲田先生は、「毎日2000キロカロリー以内で生活すると、医者いらずの体になれる」と、少食の重要性を繰り返し力説していた。お腹をすかせると、細胞が血液をひっぱり込み、血の流れが速くなると言い、現代医学の「心臓ポンプ説」と真っ向から対立している。心臓のポンプの力は家庭用ミシンほどといわれ、力学上からも4分の1馬力では、20秒間に60兆個もの細胞に血液を送り込むことは不可能だと説く。

事故時には血が流れ出るが、自然死体からは血は流れない。血液は、生存中には細胞の中に引きこまれていて見えないだけだ。心臓のないアメーバーも血液は循環していて、中耳炎や蓄膿症が断食で治ることなど、心臓ポンプ説では説明できないという。

英国人ウイリアム・ハーヴェーの、「血液は心臓から出て全身を巡って心臓に戻る」が心臓ポンプ説だ。「これは封建時代の君主中心思想です。そんな思想による医学論を、今も多くの医者が盲信しています。なんと滑稽でありませんか」(甲田光雄著『断食・少食健康法』から)

先生から、「公開質問状で医学界に問うたが、無回答のままだ」と聞いた。一方、血圧値、血糖値など体調が測れる西洋医学に、讃辞を送るのも甲田先生だ。

5種類の少食と西式健康体操をずっと続けてきた私は、2015年、さぬき市民病院で健康診断を受けた際、腹囲70センチメートル、血圧93～60、中性脂肪39、HDLコレステロール96、空腹時血糖値86で、5つの指標全部で満点の「5つ星」をもらった。女性医師から「講演会を開いて、三好さんの食生活や体操について、多くの人たちにお伝えください」と褒められた。

愛と慈悲に基づいた「少食」

甲田病院の33日間の入院費は、わずか9万円だ。ベニヤ板上に煎餅（せんべい）布団で寝かせ、食べさせないのだから。しかし、一番成果があがる療法なのに、健康保険は使えないこの矛盾！

さて、玄米食が苦手な人はどうすればいいのか。まず自分で精米して白米ご飯を食べる。残った糠は混ぜながらフライパンで炒り、茶褐色に変われば火を消す。その「炒り糠」を毎日大サジ3杯、野菜ジュースと一緒に飲み干す。これで玄米食と同じ効果が出るのだ。私も5年前から「炒り糠党」になっている。

「もし、みんなが西式健康法を行えば、大部分の医者と薬屋はつぶれてしまう」と、甲田先生はよく患者たちを笑わせた。「2千数百名の癌患者などを、断食や生菜食療法で治してきたが、患部の癌細胞が70％を超えると助からなかった」とも。現代医学では治らない難病が、これほど好

転する事実をみると、年間40兆円を超える医療費への疑問が湧いてくる。

近頃「予防医学を重視しない対症療法」「終末患者への延命処置」や「脳死を人の死とする臓器移植」などへの警鐘が、次第に聞こえてくる。アメリカのドキュメンタリー映画、『知られざる事実―医師がいかに殺人者となり、私たちがなぜ黙視してきたのか』（ケン・ストーン監督・制作）にも生々しい。

また、先生は若い頃「食べ過ぎたらあかん」「少食にせにゃあかん」と、自らにいい聞かせるほどの苦い経験も積んできた。その結果が「少食とは、すべての命を大切にすることだ」という解答をもたらしたのだ。この「愛と慈悲の実践」が人生目標と定まって、以来50年厳しい断食法を伝道することができたという。

さらに、牛は自らの10倍の穀物を食べ、ハマチは7倍の鰯を食べるので、「贅沢しないで、環境に優しい、穀物や鰯を食べよう」と繰り返された。

つい先日、NHKの「ラジオ深夜便」で、今は亡き甲田先生のインタビューを拝聴した。懐かしい命の恩人の声に、うっすらと涙が滲んできた。腎炎を患った遠い日を思うと、あれから不思議な世界を旅してきたものだ。たいていの人は断食と聞いて、ギョッとするだろう。

でも、私は今アイスクリームも食べるし、昼食後の果物、3時にはオヤツも楽しんでいる。

第4章 未来の地球語とは

英語は真の共通語か

林真理子の、『愉楽にて』という小説があり、次のような一節が出てくる。

主人公の久坂がいう。

「僕はね、あと百年すると日本語は無くなると思うんだ」

「日本語が……。そうかなあ……」

夏子は首をかしげる。

「言語が消滅するのって、国家が消滅することだと思いますけどね。日本はそんなことないわ」

「僕もそう思いたいけどさ、多分百年後、日本語も日本も無くなるよ」

「そうかしら」

「悲しいことだけど僕はそう思ってる。企業でも英語を使えない者ははじかれていく。小学校から英語を教えるようになった。早晩、日本でも英語が公用語になっていくさ。そして今のままでは、日本っていう国自体どうだろう。生き残っていくのは無理だろうな」

今我々に迫られている「環境問題」の次は、争いを生まないための「共通語問題」ではなかろうか。Aだけでも7つの発音があり、辞書の過半数が例外説明という難解な一地方語に過ぎない英語に、共通語の地位を与えてもいいのだろうか。

このままでは、巨額な資金や人材を投入してきた、英米の計略にはめられてしまう！

江戸時代に日本に伝わった、あのオランダ語が消滅の危機に瀕しているのだ。アムステルダムのスキポール空港は、すべて英語表示に変わってしまった。

現在、世界で使われている約8000の言語は、毎日数十が消滅していて、100年もすれば日本語も消え去るかもしれない。

特にEUでは、英語のできない政治家は活躍の場が狭められ、優れた人格者や識見ある者が片隅に追いやられる。そんなことから、抑圧され、鬱積した不満は、いつか爆発するだろう。

日本でも新語の英語が氾濫する。最近のコロナ新語はひどい。「GO　TO」、「ステイホーム」、「ソーシャルディスタンス」、「オーバーシュート」……もう無政府状態だ。ここは一体どこの国か。

100年もすれば、国も日本語もなくなるという『愉楽にて』には現実味がある。

世界の英語化が、数千種の言語やそれらの文化まで抹殺してしまう。

余りに巨大な損失と差別に、我々はどう立ち向かうのか。

エスペラントを学び

私がエスペラントという国際語を知ったのは、1965年、大本元総長の出口京太郎師の書いた『エスペラント国周遊紀』を読んだときだ。出口先生が、ブルガリアのソフィアで開かれた世界エスペラント大会に参加し、半年かけて、エスペラントだけを使って世界を一周した体験記である。

驚いたのは、先生が100日間部屋にこもって自習され、世界大会の弁論大会に出場し、世界2位に入ったこと。読んだのは丁度、私が英語の習得に四苦八苦していた頃だ。

以来エスペラントが気になり、いつか学ぼうと思いながら、韓国語や英会話を習うのに忙しく、結局30年も昼寝をしてしまった。習い始めたのは、記憶力が減退しはじめた55歳のとき。

A（アー）B（ボー）C（ツォー）の発音も知らず、「世界エスペラント協会」が発行する月刊誌『エスペラント』を読み始める。すべて知らない単語なので、辞書を引きつつ細ペンで、横に意味を書き加えていったが、1ヵ月かけて単語調べがすまない内に次号が届く。必死で毎朝4時から2時間かけたが、1年目は追われっぱなし。2年目は少々楽になり、3年目にやっと追いついた。どんなに難しい単語でも、20~30回引くと覚えられたし、大半が知らない単語とはいえ、6割強が英語の語尾を変えるだけなので、予想以上に早く記憶できた。

その後、本気で勉強しようと、ニュージーランドのエスペラント協会の会長だったサットンさん夫妻を招いて、毎晩7時から10時まで会話を習い、その後も、世界各国のエスペランティストに来日してもらい、２０１６年までの約20年間学び続けた。

午前中は、世界中のエスペランティスト数百人とメールで交流した。私がエスペラントで喋り、先生が文章に打ち込んでくれたので、20年間、私はほとんどエスペラントを書いてない。結果、そこそこ喋れても書くことができない、奇妙なエスペランティストに育ってしまった。

世界連邦世界大会で

大本のスローガンは、「一つの神、一つの世界、一つの言葉（国際語）」だ。

一つの神とは、大本の呼びかけで比叡山の延暦寺に、世界中から数百の宗教の代表が集まり、「世界平和の祈りの集い」を30数年続けているが、そうした宗教協力が目標だ。

一つの世界とは、戦後間もなく、アインシュタインやシュバイツァーが提唱した、世界を一つの政府で治める世界連邦運動で、いわば世界のＥＵ化だ。湯川秀樹が中心になり、「世界連邦は昨日の夢であり、明日の現実である。今日は昨日から明日への一歩である」と呼びかけ、今も連綿として運動が続いている。

一つの国際語とは、「エスペラント運動」を重点に進められている。大本は１９２０年代から

取り組んでいて、戦前まで活動費の半分は、国際活動への支出だった。

2002年、ロンドンで「第24回世界連邦世界大会」が開催され、36ヵ国から約250名が参加し、私も末席を汚した。その大会の「エスペラント分科会」で、エスペランティストのグロソップ南イリノイ大学教授が次のような基調講演をした。

「ヨーロッパ各地から英語を学ぶために常時70万人が英国に留学していて、英語習得にかかる費用はEU全体で、毎年170億ユーロ(約2・5兆円)と巨額だ。ところが、EU本部のあるベルギーのブリュッセルでは、新聞の求人広告の多くは『英語ができること』と条件が付き、しかも下のほうに、小さい文字で、『お母さんから学んだ英語に限る』と書かれている。ネイティブの英語を要求しているわけで、大多数の人々に不公平極まりないことだと言える。世界連邦運動はエスペラント運動と一緒になって、初めて突破口が開かれる」

すると、会場から厳しい反撃が起きた。

「エスペラントには文化がない!」「人工語では感情表現ができない!」「文学作品が書けない!」と、世界連邦の運動家から次々と否定されてしまう。

これに対し英国エスペラント協会のケルソ理事が反論に立つ。「エスペランティストが結婚して誕生した数千人の子供たちは、生まれながらエスペラントを喋り、外ではその国の言葉を喋る。彼らが、歴史的事実としてエスペラント文化を育ててきたのだ。数万冊の翻訳書がエスペラントで出版され、エスペラント著書も数万冊あり、定期刊行物も毎年数百種出版されている」。

次にイタリアの連邦主義者が立ち、「人間が作った言葉ではモノにならない」と反論すると、イギリスのロバート氏が「英語もドイツ語も先祖が作った言葉だ。何を言っているのかね！　エスペラントには28のアルファベットが使われ、スペルそのものが発音記号だ。文法も16ヵ条に集約され、英語と全く違って、例外は存在しない。そんなことから、ヨーロッパ人なら英語の10分の1の労力で学べるし、もう世界では100万人が使っている。世界の言語の中で、最も洗練された言葉だ！」と主張した。

すると、アメリカの世銀職員が、「今からエスペラントを習うなんてとんでもない」と！

結局、ああだ、こうだの末に「連邦主義者はノンナショナル・ランゲージのエスペラントを学ぶよう推奨する」という決議が採択された。世界連邦運動協会のホームページには、この決議が明記されている。

EU諸国の新聞に全面広告

私は長い間、エスペラントを世界に広めるいい方法はないものかと、考えあぐねてきた。

1985年のことだ。今は常識の「宅急便」誕生のドラマが起きた。「ヤマト運輸」の小倉昌男社長がある日突然「宅配便を認めよ」と全国紙に全面広告を打ち出す。長年の慣行から、宅配

業務を認めない運輸省に業を煮やしたのだ。消費者の利益を守るため、行政を真っ向から批判する広告だった。多くの読者や産業界がヤマト応援に回ったため、運輸省はついに宅配業務を認めざるを得なくなった。広告を起爆剤に、世の中を変えたのだ。

私は1992年から、世界の主要都市で行われる「世界エスペラント大会」に毎年参加し、主だった人たちから「エスペラントの未来はEU次第だ」と聞いてきた。そのとき、EUへの打開策として、ヤマト運輸の一件を思い出した。

そうだ！　ヨーロッパ各国の新聞に全面広告を打つ手がある！　と腹を固め、EUのエスペラント組織に協力を呼びかけた。まず2002年、欧州エスペラント連盟会長の協力で、ベルギーの2つの新聞に広告を出すと、『メトロ』紙が広告ではなく「EUの共通語は英語では解決できない」と全面記事を掲載。私のエスペラントの個人教師で、そのとき、この国に帰っていたローデさんは、顔をクシャクシャにして喜んでいた。

翌年、イタリアの有力紙『ラ・レプッブリカ』に広告。その直後から6人の国会議員が「言語問題をEUに働きかける」と立ち上がってくれた。ラジオ局「ディージェイ」が2度も全国放送し、広告とそっくりの内容だったという。数千人がイタリア活動組織のホームページを訪れ、短期間に33人のエスペランティストが誕生したと聞いた。

2004年は、ポーランドの『ゼッツポスポリータ』紙。ポーランドTVの有名ディレクターのドブジンスキーさんが私にインタビューし、さらに、新聞社の好意で「全面広告」がなんと一般記事に変身。趣味程度の国際語だと思われていた状況から、エスペラント誕生117年目にして、「世界平和に繋がる共通語」として、認識を新たにしたと言われた。

同じ年、フランスの『ル・モンド』に、その翌年はドイツの『ディ・ツァイト』に、ベルギーの『リベーラ・ベルギー』、リトアニアの『リトーバス・ライタス』、スロバキア、エストニア、ラトビア、チェコ、ハンガリー、スロベニアなど13ヵ国で25紙に次々に広告。

しかし、広告の案文を手伝ってもらった次兄から、効果は「太平洋でオシッコする程度だ」と言われてしまう。その頃、日経新聞連載の小説『チンギス・ハーン』を読んでいて、「万里の長城を突破する際、見張りが手薄な1ヵ所に、20万の全軍を投入し、3日間で5メートル幅の馬の道を開けた。これがハーン中国征服の突破口になった」というのを読んだ。そうだ、ハーンを見習おう！と方針転換。大国フランス一国に目標を定め、名門ル・モンド紙に広告を集中し始めた。ル・モンドに10回目の広告のとき、フランス組織のホームページには、2週間に2300人が訪れ、7000頁も閲覧された。ラジオでも言語問題が繰り返し放送されるようになり、数週間の間に30人以上のエスペランティストが誕生したという。

私は、パリ在住のエスペラントの創始者であるザメンホフ博士のお孫さんに、「新聞に登場してほしい」と頼んだが、なかなか返事がなかった。そのうち、私の方で肝心の広告資金が底を突いてしまった。

私の資産は、元スワニーがあった約500坪の土地と住宅だったたが、その半分はスワニー常務

の娘婿に贈与していた。彼に事情を相談したら、自分の土地の半分を処分して広告に、と協力してくれ、その土地が、2頁の広告に変身した。掲載日は、2010年12月15日（ザメンホフの誕生日）を選んだ。右の頁がお孫さんのインタビュー記事、左頁が広告。

広告は、一番上に「生まれながらエスペラントを喋る、4人のデナスカ（生まれながらの）エスペランティスト」の写真、氏名、出身国名を表記。

その下に、ノーベル経済学賞を受章したゼルテン教授の、「EUは一つの国語の支配では解決できない。簡単に学べるエスペラントが中立的解決策として最適」というEU議会での講演を取りあげた。その下に新渡戸稲造の活動を載せ、最後に、私が広告の理由を説明した。

翌年、大きい成果が出た。数十人のフランスの国会議員がEU議員に働きかけ、100人を超す議員によって、パリでシンポジウムが開催され、エスペラントについて議論が白熱したという。また、断続的にマスコミが共通語問題を取りあげたと聞いた。

ワルシャワで言語討論会

ザメンホフの故国ポーランドで2004年、私は言語討論会を主催した。EU議員が4名、国会議員が8名、エスペランティストの54名が参加。

「ポーランド国際放送」のエスペラント部の女性のピエットザックさんは、この国の元外務大臣

2004年、ワルシャワ言語討論会にて

のゲレメックさんという有名な人から、参加の返事を取っていた。この人は、EUの初代大統領の最有力候補者だったという。

彼女から「大物が参加するので、事前に表敬訪問するよう」言われ、日にちも決めて日本からの切符を手配したが、氏は、直前に断ってきた。「熟慮を重ねたが、エスペラントは英語に勝てないと思いはじめ、あなたと会っても考えは変わらない」とのこと――残念な結果になってしまった。

討論会では、主催者として、私が一番バッターに立った。

1921年、国際連盟の事務次長だった日本の新渡戸稲造が、70ヵ国の二千数百人が集まったエスペラントの世界大会に1週間出席し、共通語としての潜在力に共鳴したこと、そして、連盟加盟の40数ヵ国の義務教育にと、ロビー活動を展開したが、フランスの反対に遭い、初心が貫けなかったことなどを述べた。

また、インドネシアは、長年700を超える言葉が使われていて統治が難しく、言語として優れていたマレー語を整えて共通語を誕生させたこと。その共通語を義務教育で繰り返し教え、共通語と島々の方言の2言語国家として成功していることを話した。そしてインドネシアは、共通語と民族語の「バイリンガル化」を目指す我々の目標を、先に到達した理想の国だと伝えた。


続いて、パリから駆けつけてきたザメンホフのお孫さん。

「私は、圧力コンクリートの専門家で、世界各地で指導してきた。日本で明石海峡大橋が建設されたとき、日本の運輸省から招かれ講演をした。聴講者はよくうなずいていたので、満足していた。ところが、後のレセプションで個々に話すと、多くの人が私の英語が理解できていなかった。英語という国際語が伝わるかどうか、疑わしいものだ。祖父が創ったエスペラントは、誰にも容易に学べて、誤解されにくい言葉だ。共通語はエスペラントで、各国はそれぞれのお国言葉で！というのがエスペラント運動です」と述べた。

次に、ノーベル経済学賞を受章したドイツのゼルテン教授（フランクフルトから来訪）。

「チェコ、ルーマニア、ハンガリーなど旧共産圏諸国さえ、今はEUに加盟できる激動の時代だ。信じられないことに、ベルリンの壁も崩れた。そんな中、英語という1地方語を全人類に強制している誤りを、何としても阻止したい。それは可能だと思う。義務教育でエスペラントを教える世界を目指すべきで、私は、２００１年、そのことをＥＵ議会で訴えた」と述べる。

次に、欧州エスペラント連盟のオリアイン会長からのメールが紹介された。

「ＥＵの憲法では、言語の平等性が明記されている。何の議論もせずに英語化を推し進めるのは、民主主義や正義に反している。憲法違反で、厳重に抗議したい」。

最後は、ローマから来訪した世界エスペラント協会の会長コルセッティー教授。

「結婚や就職まで、英語圏の人々が優位に立ち、その他の民族が差別をうけている現状は容認できない。文化や歴史まで食い尽くす、英語帝国主義の侵攻を防がねばならない」と締めくくった。

そして総意が実り、後にエスペラント推進議員連盟が結成された。

ＥＵ議会で言語討論会

私との面会を断ってきたポーランドのゲレメック氏は、決してエスペラントを諦めたわけではなかった。ＥＵ議会の副議長だった彼は、その後２００８年に、「エスペラントは多言語主義（凡ての言語が生かされる）の敵か味方か」と題した集会の案内を、全ＥＵ議員へ出した。

エスペラントを公用語にしたいというEU議員が、2割強の160名もいたからだ。

また、私が次々と「ル・モンド」に登場したのを読み、「日本人でさえ頑張っているのに」と友人に吐露したという。

集会は自ら先頭に立とうと決意したあかしだったのだが、予期しないことが起こった。集会の前日、ワルシャワ空港へ向かう途上で不慮の事故に遭い、帰らぬ人となってしまったのだ。私は立ち上がれないほど衝撃を受け、エスペラント界にとって誠に痛恨の出来事だった。

フランスで講演旅行

2010年、私は、パリ、リヨン、マルセイユなど、フランス9都市で小さな講演をした。パリでは40数名のエスペランティストが集まり、私の拙いエスペラントを真剣そのもので聞いてくれた。

十数回もエスペラントの全面広告を続けたル・モンドの担当メイイッツネル氏に対し、「EUの共通語問題について報道するように、メール、ファクス等で訴えてほしい」と要請した。フランスのマスコミは、たびたび言語問題を取りあげていたにもかかわらず、ル・モンドが一度も記事で書いてくれなかったからだ。

その翌日、西のヴァーン市では、50名近くが集まったが、体調が急変し、終了後、寒くて眠れなくなった。呼吸困難に陥り、妻に国際電話をかけると、「あんたの人生の目標は、エスペラント運動でしょう。帰ったら駄目です」と、切られてしまった。

青息吐息で、エスペラントの教師のアティリオさんの介助でパリに引き返し、かろうじて帰国。幸いに、1週間ほどコタツにあたって、元気を取りもどすことができた。

実はその数年前に、医師から「老いが引き起こす、ポストポリオ症候群」に罹っていると、宣告されていた。足が冷え、両手が痺れ、呼吸困難もあり得る難病だと言われていたのだ。

講演は、アティリオさんが引き継いで、約300人にお願いできた。

私の緊急帰国がネットで広まったために、ル・モンドへの要請は、約500件に上った。しかし、同社は動かなかった。

ポーランドから勲章を贈られる

2011年の「東日本大震災」の直後だった。「ヨーロッパでエスペラント普及活動に努めた」として、私にポーランドの大統領が勲章を贈ると現地から知らされ、ビックリしてしまった。

翌年、ポーランド議会で、エスペラント誕生125周年を記念するシンポジウムが開かれ、その席で私は、エスペラントで主賓挨拶をさせてもらった。ポーランド語への通訳も含めて20分もらった。2日間かけて正味10分に絞り込み、大声で1000回練習して臨んだ。

終了後、隣席のヴィドブロット文部大臣（エスペラント推進議員連盟会長）から、「エクセレント！」と強い握手を求められ、1000回練習の努力が認められた。

友人はノーベル賞学者

2001年に、クロアチアでエスペラントの世界大会が開かれたときだ。隣席のドイツのゼルテン教授が話しかけてきた。「そのとき、妻と買い物をして帰ったら、大勢の人が自宅周辺にたむろしていた。『もしかして事故でも?』と尋ねたら『ノーベル賞受章おめでとうございます』と言われて驚いた」という。1994年のノーベル賞受賞時のことだ。ノーベル委員会は30分前に電話をしたのだが、不在だったために規則に沿って発表してしまったとのこと。

いつも夫人の車いすを押すこの愛妻家は、「受章で人生が激変し、カメルーン、ローマ、ポーランドなどで毎週のように講演してきた」と語った。

受賞理由の「ゲーム理論」とは、意思決定する際に厳密に洞察することに応用され、経営、政治、科学などあらゆる分野で使われ、特にコンピューターには欠かせないという。私には、チンプンカンプンの世界である。

その後、何度も彼とは世界各地で会い、懇意になっていった。2007年には、わざわざ香川大学のために来日され、暴風雨の中で講演をしてくれた。大画面前を大股で闊歩しながらのエスペラントによる力強いスピーチで、長町重昭徳島大教授の見事な通訳に1070名が聞き入った。講演後、歓迎会が三本松ロイヤルホテルで行われ、エスペランティスト22名の合唱、『エスペーロ』(「希望」のエスペラント)が響きわたった。

翌日、近くの鳴門市にある大塚美術館に彼を案内する。世界各地の大美術館に収蔵されている名画を陶板に焼きつけ、コレクションした特異な美術館だ。彼は「本物を見るなら、世界中を回らなきゃいけないので数年かかるからね」とビックリしていた。

一つの神、一つの国際語

1995年、私は「国連50周年記念宗際行事参加訪米団」に加わり、天台宗の藤光賢宗会議長、明治神宮の中島精太郎役員室長、大本の出口京太郎先生など56名と訪米した。

ニューヨークで世界の宗教者千人もが一堂に会する集会だったが、そのときの議長のモートン聖堂長(ニューヨーク聖ヨハネ大聖堂)に私は近づいて自己紹介した。翌年のチェコの「世界エスペラント大会」への招待状を手渡し、「後でお読みください」とお伝えした。

招待状には「進展する世界規模での宗教協力に加え、世界平和の実現のためには、公平で平等な国際語が必要だと思われます。来夏のプラハでの『第81回世界エスペラント大会』にご招待しますので、一つの言葉で魂が通い合える世界を、ご夫妻で体験してください」と書いておいた。

1996年、モートン聖堂長夫妻とプラハにて

年末になり、春が過ぎても回答はなかった。諦めかけていた5月になって参加の連絡が届いた。その大会は、世界中からおよそ3000人のエスペランティストが集まり、モートン夫妻は積極的に各種行事に参加していた。そして、700人が集う「大本分科会」で、モートン聖堂長はこうスピーチする。

「1975年、ニューヨークの聖ヨハネ大聖堂では、2千年来守ってきたキリスト教の伝統を破り、日本の神道である大本の祭典を行いました。そのとき、全米のキリスト界から、私を『ニューヨークから追い出せ』と非難する議論が巻き起こりました。しかし私は大本の教えにある、世界諸宗教の協力を推進する『一つの神』、そして戦争のない一つの世界を目指す『一つの世界』、また全人類に公平で平等な『一つの国際語』エスペラントが、世界平和実現への鍵を握っていると信じていますので、その教えを私は生涯踏襲いたします」

会場が深い感銘に包まれたのは言うまでもない。

著名なエスペランティスト

ここで、エスペランティストや、エスペラントを支える著名人を挙げたい。

・北一輝（思想家・社会運動家、1883～1937）＝英語が日本人の思想に与えている害毒は、英国人が支那人を亡国民たらしめた阿片輸入と同じだ。

・新渡戸稲造（教育者・思想家、1862～1933）＝同じ言葉でお互いの考えが話し合えたら、世界はいかに幸福だろう。

・二葉亭四迷著（小説家、1864～1909）＝ザメンホフ著『世界語読本』の邦訳書がベストセラーとなる。

・ロマン・ロラン（フランスの作家、1866～1944）＝我々が6ヵ国語を習得すれば一生が終わり、エスペラントを習得したときから新生活が始まる。それは、人類解放の武器だ。

・チトー（ユーゴスラビアの政治家、1892～1980）＝ファシズムに死を！　人民に自由を！　大国は自らの言語が支配することを望んでいるが、エスペラントは真に世界的性格がある。

小林エリカ氏(東京新聞社提供)

・トルストイ（ロシアの小説家、1828〜1910）＝学習を始めて2時間で読み書きができるようになった。エスペラントを広めることは神の国を創ること。

・シャルル・リシェ（フランスの生理学者、1850〜1935）＝イタリア語のように音楽的で、フランス語のように明快で、ギリシャ語のように完全である。

・日本のエスペランティスト・支持者＝丘浅次郎（動物学者）、石原莞爾（軍人）、井上ひさし（小説家）、梅棹忠夫（民俗学者）、大杉栄（思想家）、片山潜（労働運動家）、小林エリカ（作家、漫画家）、堺利彦（社会主義者）、佐々木孝丸（俳優）、高木仁三郎（物理学者）、長谷川テル（反戦家）、本田勝一（記者）、宮沢賢治（詩人）、柳田國男（民俗学者）、吉野作造（政治学者）。

・世界のエスペランティスト・支持者＝アンリ・バルビュス（フランスの作家）、エロシェンコ（ロシアの詩人）、周恩来(中国の首相)、ホーチンミン(ベトナム主席)、巴金（中国の小説家）、マックス・ミュラー（ドイツ生まれ英国に帰化、インド学の学者）、毛沢東（中国主席）、ラインハルト・ゼルテン（ドイツの経済学者）、魯迅（中国の小説家）。

平和を希求したザメンホフ

1859年、眼科医だったザメンホフは、ロシア語・ポーランド語・ドイツ語・ユダヤ語が飛びかう、ポーランドのビヤリストク市に誕生した。言語、風俗、宗教を異にしたユダヤ人として生まれ、言葉が通じなくて起こった争いや暴力沙汰を、数限りなく体験し見てきた。そんな苦境や偏見を乗り越えて、自由で対等に話し合える中立言語の創造に生涯を捧げた。

幼くして「人々はみんな兄弟姉妹だ」との母の教えから、「人間は国家や民族に属する前に、人類の一員だ」とする「ホマラニスモ思想」の実現を目標とした。彼は、言葉が分断する幾千年の壁を崩し、相手の言語・文化・宗教を尊重しつつ、誰もが自由に話し合える国際共通語を創造したのだ。

世界では、中世以降に約800種の人工語が創られたが、世界平和を目指す創始者の高邁な人格と精神が認められた、エスペラントだけが生き残った。

エスペラントは、28個のアルファベットが発音記号だ。後ろから2番目の母音がアクセントで、動詞の変化に例外がなく、接頭辞や接尾辞によって意味が十倍に増やせる。外来語や自由に作れる新語基準など至れり尽くせりだが、唯一の欠点は、アラビア語や東洋言語に無縁なことだ。

名詞の語尾はoなので、歌舞伎Kabuko（カブーコ）、畳みTatamo（タターモ）となる。

ザメンホフは不要な形を次々と捨てさり、たった16条で2頁に収まる規則的な文法を完成させた。そのようにして表現力豊かな言葉が誕生した結果、英語を学ぶ5倍、ロシア語の10倍、アラビア語の20倍も学び易いと言われている。

今では、百数十ヶ国で約百万人のエスペランティストが、ネット通信など様々な分野で交流している。ＳＮＳでの国際通信だと、２２９言語中15番目にエスペラントが多用されている。

世界の混沌はますます深まるばかりであるが、エスペラントこそが一条の光になれと、祈らざるを得ない。

ここで、２週間で３６００語を詠み込んだ、出口王仁三郎師のエスペラント辞書を紹介する。

人間は何か一つの芸術がアルトＡｒｔｏ（芸術）、生活難にあいにくい。
朝寝ぼけ一足遅れ停車場へ、友の後からちょっとマテーノＭａｔｅｎｏ（朝）。
どこまでもお前と一生添うという、キアールＫｉａｌ（なぜ）わらわをなぜに疑う。

宇宙と人生

私の生涯を通じた愛読書、出口日出麿師著『生きがいの探求』の一節。

世界は限りもなく広く、材料は限りもなく豊富だ。その広い世界を窮屈に、豊富な材料を貧弱に感ずるのは心からだ。真に天地と融合したゆったりした心持ちにさえなり得れば、この世そのままが至善至美の楽園なのだ。去るを追わず、来たるをこばまぬ大きい心になれ。小我をすてて大我につけよ。

目をあげて天を見よ
無数に輝く星の神秘　永遠（とわ）に照らす月日の偉大
目を伏せて地上を見よ
木は茂り鳥は歌う　獣はふえ人は栄ゆ
五風十雨時をたがえず　春夏秋冬めぐりめぐる
海は踊り風は奏す　山は粧（けわ）いし雲はたわむる
神あり君あり父母あり　われを慈みわれを育つ

恋人親友世の人々　みなわがために労し吾にみつぎす
不平をいえば限りなし
木の葉一葉落ちてもしゃくのたね
蚊のこえ蠅のゆきき　人の顔そら模様
みな憤りの種とはなろう

無限小から無限大まで
至りつくせるうまし天地（あめつち）
その狭くきたなきものをすてて
広く美しきものに就（つ）けよ
そのときどきに
そのすべてを与うるは神なり
その時々に
その一をえらぶは人なり
目前の小さきものに眩（くるめ）きて
永遠の大を失うなかれ
徐々とあせらず落ち着いてのんびりと

手のとどく範囲足のおよぶかぎり
与えられたる花を美(うつく)しと見
うたれる木の実をよしと食えよ
疲るれば憩い渇すれば飲む
昼は往き夜はねむる
無為の大道坦々たり

世のある者みな神の許しによる
甲の敵(かたき)は乙の友
乙の仇(あだ)は丙の味方
甲、乙、丙、丁……みな神の子
敵を許せよ　身を捨てあえよ
神に帰せよ　神の心に

大本のエスペラント活動は、出口日出麿師の提言で始まった。
およそ100年前のことだった。

出口日出麿師（宗教法人大本提供）

編集協力／鍋嶋　純

おわりに

この物語を書いていて、しばしば幼少期にタイムスリップした。

同じ町内の、今住んでいるところに越したのは小学校5年生のときで、少し町はずれの海岸だった。同級生の家では、畳を敷くのはお盆や正月だけで、普段はワラのむしろに布団を敷いて寝ていた。初めて見て驚いた。

級友たちは、自分がすっぽり入るほどの籠を背負って、牛の餌を刈っていた。私は小さい籠に1杯だけ、オオバコ、タンポポなど、兎の餌を刈るだけでよかった。木の柵で入り口を作り、リンゴ箱にワラを敷いて、6~7匹の兎を育てていたのだ。後ろ脚で床をバンバン叩いて、私を呼ぶ。望みどおりオスとメスを一緒にしてやると、ほぼ1ヵ月で5~6匹もの子兎を産んだ。可愛いちびを育ててあげると、一匹70円のお金が入ったが、お金に変わった兎たちのゆく末を思うと辛くなった。

私は根っからの動物好きだ。田んぼの片角で、いつまでも牛たちの仕事を眺めていた。彼らは一刻もサボることを許されなかった。暗くなるまで黙々と鋤を引っぱって、土を掘り返す。ムチで打たれ追い回され、ヨダレを流し、あえぎにあえいでいた。

私が一番辛かったのは、子牛を売られた母牛だった。毎晩毎晩、子を呼んで泣き叫び「返してほしい」と、声を絞り出す。近所から母牛の慟哭が聞こえると、いつまでも寝付けなかった。

働けなくなると食肉として売られ、あらん限りの抵抗を重ねてもトラックに乗せられる。また、住み慣れた小屋や飼い主が恋しくて、数十キロメートル離れた屠殺場から帰ってくる牛も絶えなかった。

毎日草を刈って、籠を一杯にしなければならなかった級友たちのノルマに同情しつつ、牛たちの苦悩にも心が裂かれていた。

しかし、幼い頃の悩みは形を変え、青春時代に爆発する。生後すぐに罹った小児麻痺が、私を絶望の淵に連れて行く。なぜ、自分は五体満足でないのか、死まで頭によぎる嵐の日々となった。そのとき大本に出会い、ようやく光を見ることができた。自らのハンディを克服するために、以来「誰もが師匠」を胸に刻み、スワニーの発展に全力を尽くしてきた。〝逆転〟に挑戦する、人生の始まりである。

中年になって、腎臓病を患った。断食道場の門を叩いて「生菜食健康法」で病をはねのけ、81歳の今日まで生き延びることができた。

また大本の教えに従って、言語問題にも取り組み、英語に代わるべき世界共通の国際語エスペラントの普及に微力を尽くしてきた。

いずれの場合も、私の人生に力を貸してくれたのは、〝逆境〟という運命であった。しかも、いずれも、天は耐えられない荷を与えないことを教えてくれた。

出口日出麿師の「逆境に感謝せよ！　依頼心を起こすな！　捨て身になれ！」の教えを胸に、様々な困難を乗り越えてきたからこそ、今、ここで少しばかり語ることがあるのだと思う。

ここまで拙い長文にお付き合いいただいた読者のみなさま、ありがとうございました。多少なりともご参考に供することができるなら、望外の幸せです。

執筆にあたって、大本相談役の出口京太郎先生、香川エスペラント会会長でドイツ語講師の小阪清行氏、ポリオの会代表の小山万里子氏、スワニーでは元常務の岩澤廣義君を始め多くの社員、友人の中川保さんや山﨑覺（さとる）さん、妻の友人の松本テル子さんや瀬安美乃里さんらからも、数々のご意見をいただいた。

また、匿名ご希望のIさんには、本書出版のかずかずの労を取っていただいた。多数の方々の熱い応援に囲まれて、完成したことを改めて感謝したい。

2021年3月

三好鋭郎

著者紹介

三好銳郎（みよし・えつお）

株式会社スワニー相談役

1939年、香川県に生まれる。生後6ヵ月で罹った小児麻痺の後遺症で、右足が不自由になる。
1964年より、株式会社スワニーの後継者として、スキー・防寒用手袋のセールスに世界中を飛び回る。
ニューヨークで見たキャスター付きトランクを機内持ち込みサイズに小型化し、身体を支えながら運べる「スワニーバッグ」や、世界一小さく折りたためる車椅子「スワニーミニ」を考案し、ヒットさせた。
社長、会長を経て、現在は相談役。

株式会社スワニー
769-2795　香川県東かがわ市松原981
URL http://www.swany.co.jp
E-mail:wb@swany.co.jp

不自由な足が世界を広げてくれた
—スワニーバッグ誕生物語—

〈検印省略〉

2021年 3月 22日 第1刷発行

著　者——三好 銳郎（みよし・えつお）
発行者——佐藤 和夫

発行所——株式会社あさ出版
〒171-0022 東京都豊島区南池袋2-9-9 第一池袋ホワイトビル 6F
電　話　03（3983）3225（販売）
　　　　03（3983）3227（編集）
F A X　03（3983）3226
U R L　http://www.asa21.com/
E-mail　info@asa21.com
振　替　00160-1-720619

印刷・製本　萩原印刷（株）

facebook　http://www.facebook.com/asapublishing
twitter　http://twitter.com/asapublishing

©Etsuo Miyoshi 2021 Printed in Japan
ISBN978-4-86667-265-6 C2034

本書を無断で複写複製（電子化を含む）することは、著作権法上の例外を除き、禁じられています。また、本書を代行業者等の第三者に依頼してスキャンやデジタル化することは、たとえ個人や家庭内の利用であっても一切認められていません。乱丁本・落丁本はお取替え致します。

あさ出版好評既刊

仕事が速く、結果を出し続ける人の
マインドフルネス思考

人見ルミ 著

四六判　定価1,400円＋税

頭、心、体のバランスがとれ、パフォーマンスも向上し、創造性が高まる――。
グーグル、ハーバード大学他の研究で科学的に実証された最強の考え方を仕事に活かすために知っておくべきこと。仕事中にマインドフルネス状態になるための3つのエッセンスも紹介！

あさ出版好評既刊

193の心理研究でわかった お金に支配されない13の真実 MIND OVER MONEY

クラウディア・ハモンド 著
木尾糸己 訳
四六判　定価1,600円＋税

なぜ、人は金額が大きくなると勘定が大雑把になり、貧乏になるとより損をしやすく、お金があるほどケチになるのか ？
心の不合理を知り、お金に強くなる！
英国の人気心理学者が、心理学、神経科学、行動経済学など、あらゆる角度から解き明かす。
メンタリスト DaiGo さん絶賛の書。

あさ出版好評既刊

Third Thinking
最先端の脳科学・心理学研究が証明した
最強の思考法

影山徹哉 著

四六判　定価1,500円＋税

「早い思考」（直観／システム 1）「遅い思考」（論理／システム 2）に加えて、“第三の思考〜Third Thinking（システム 3）”として近年、最先端の科学において提唱されている思考“無意識思考”について解説した一冊。

あさ出版好評既刊

THIS IS MARKETING

セス・ゴーディン 著
中野眞由美 訳
四六判　定価1,800円+税

THIS IS MARKETING
ディス・イズ・マーケティング
You Can't Be Seen Until You Learn to See
市場を動かす
セス・ゴーディン 著
中野眞由美 訳
『NYタイムズ』『ウォールストリートジャーナル』が選ぶ
必読書!
パーミッションマーケティング、
トライブ、運命の谷、ストーリー……
世界中のマーケターが使っている
顧客インサイトをつかむ
不変のメソッド
23カ国で話題の世界的名著がついに日本上陸!　あさ出版

パーミッションマーケティング、ドライブ、運命の谷、ストーリー——。

世界でもっとも人気のあるブロガーの一人であり、影響力のあるマーケッターが教える、顧客インサイトをつかむ不変のメソッド。

あさ出版好評既刊

～世界最高峰の「創造する力」の伸ばし方～

MIT マサチューセッツ工科大学 音楽の授業

菅野 恵理子 著

四六判　定価1,800円＋税

世界最高峰の「創造する力」の伸ばし方とは――
ノーベル賞受賞者９０名超、世界を変える人材を続々輩出する名門校、マサチューセッツ工科大学（MIT）。
４割の学生が履修する音楽の授業を書籍化！　音楽を学んでイノベーションが生まれる！